박종관 교수의 Let's go~

지리
여행

Third Edition

박종관 교수의 Let's go~

지리 여행

Third Edition

박종관 지음

차 례

1장. 풍화 지리여행
—— 산에 가면 뭘 볼까? 20

2장. 석회암 지리여행
—— 석회암 지형의 신비 64

지도로 Tips 찾아보기

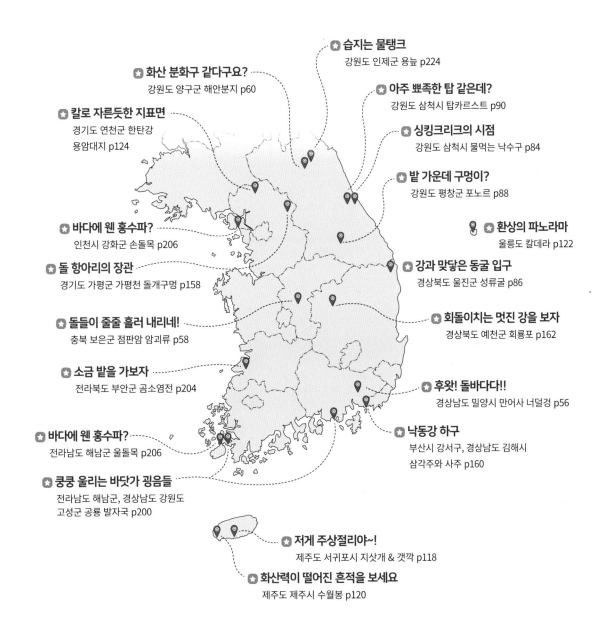

습지는 물탱크
강원도 인제군 용늪 p224

화산 분화구 같다구요?
강원도 양구군 해안분지 p60

아주 뾰족한 탑 같은데?
강원도 삼척시 탑카르스트 p90

칼로 자른듯한 지표면
경기도 연천군 한탄강
용암대지 p124

싱킹크리크의 시점
강원도 삼척시 물먹는 낙수구 p84

밭 가운데 구멍이?
강원도 평창군 포노르 p88

바다에 웬 홍수파?
인천시 강화군 손돌목 p206

환상의 파노라마
울릉도 칼데라 p122

돌 항아리의 장관
경기도 가평군 가평천 돌개구멍 p158

강과 맞닿은 동굴 입구
경상북도 울진군 성류굴 p86

돌들이 줄줄 흘러 내리네!
충북 보은군 점판암 암괴류 p58

회돌이치는 멋진 강을 보자
경상북도 예천군 회룡포 p162

소금 밭을 가보자
전라북도 부안군 곰소염전 p204

후왓! 돌바다다!!
경상남도 밀양시 만어사 너덜겅 p56

바다에 웬 홍수파?
전라남도 해남군 울돌목 p206

낙동강 하구
부산시 강서구, 경상남도 김해시
삼각주와 사주 p160

쿵쿵 울리는 바닷가 굉음들
전라남도 해남군, 경상남도 강원도
고성군 공룡 발자국 p200

저게 주상절리야~!
제주도 서귀포시 지삿개 & 갯깍 p118

화산력이 떨어진 흔적을 보세요
제주도 제주시 수월봉 p120

⭐ 한국의 지질도

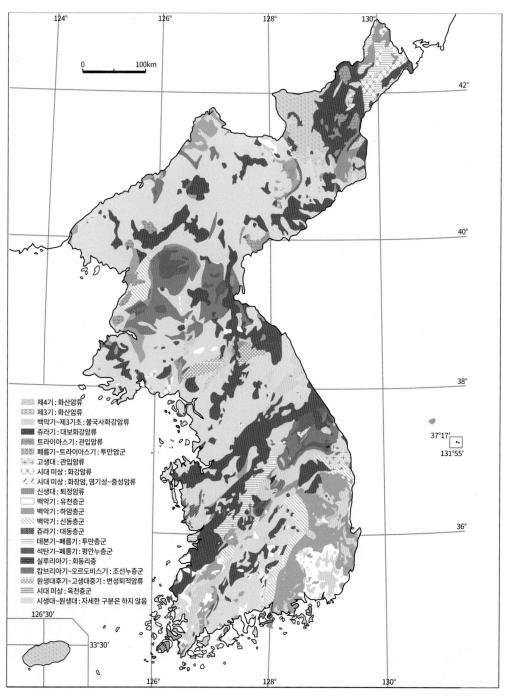

	제4기 : 화산암류
	제3기 : 화산암류
	백악기~제3기초 : 불국사화강암류
	쥬라기 : 대보화강암류
	트라이아스기 : 관입암류
	페름기~트라이아스기 : 투만암군
	고생대 : 관입암류
	시대 미상 : 화강암류
	시대 미상 : 화장암, 염기성~중성암류
	신생대 : 퇴정암류
	백악기 : 유천층군
	백악기 : 하암층군
	백악기 : 신동층군
	쥬라기 : 대동층군
	데본기~페름기 : 투만층군
	석탄기~페름기 : 평안누층군
	실루리아기 : 회동리층
	캄브리아기~오르도비스기 : 조선누층군
	원생대후기~고생대중기 : 변성퇴적암류
	시대 미상 : 옥천층군
	시생대~원생대 : 자세한 구분은 하지 않음

⭐ 지질시대 연대표

지질시대 구분명			연대	알아두어야 할 주요 내용
신생대 新生代 Cenozoic Era	제4기 第4紀 Quaternary Period	홀로세 沖積世, Holocene Epoch	현재~ 1만 년 전	1. 제4기에 4번에 걸친 빙하기 - 충적세는 가장 최근의 간빙기에 해당 2. 제4기는 인류기원의 시기로 매우 중요 3. 홍적세에 한라산 화산활동 발생
		플라이스토세 洪積世, Pleistocene Epoch	1만 년~ 250만 년 전	
	제3기 第3紀 Tertiary Period	플라이오세 Pliocene Epoch	250만 년~ 700만 년 전	1. 알프스, 안데스, 로키, 히말라야 산맥 형성 2. 지금의 지구의 대륙 모습과 거의 유사 3. 우리나라의 경우 경상북도 포항시 부근 화산활동 발생 (플라이오세), 동해 형성 시작(마이오세) 4. 올리고세, 마이오세 기간 동안 남극의 빙하 형성 5. 제3기의 시작이란 현생생물의 시작을 뜻하는 신생대를 의미
		마이오세 Miocene Epoch	700만 년~ 2,600만 년 전	
		올리고세 Oligocene Epoch	2,600만 년~ 3,800만 년 전	
		에오세 Eocene Epoch	3,800만 년~ 5,400만 년 전	
		팔레오세 Paleocene Epoch	5,400만 년~ 6,500만 년 전	
중생대 中生代 Mesozoic Era		백악기 白堊紀, Cretaceous Period	6,500만 년~ 1억 4,000만 년 전	1. 오늘날과 같은 육지가 형성되는 시기(백악기초 : 남미-아프리카, 호주-남극대륙, 북미-서부유럽과 붙어 있었으나 백악기 중엽부터 남미-아프리카, 북미-서부유럽 분리 시작, 백악기말에 호주-남극대륙 분리 시작) 2. 백악기 화석 : 암모나이트 3. 백악기초 해침 결과 유럽의 사암과 셰일 형성, 백악기 말에 공룡과 파충류 멸종됨 4. 우리나라의 경우 백악기 : 경상누층군, 쥐라기 : 대보화강암(흑운모 화강암)의 관입으로 북북서-남남동 방향의 화강암층 형성 5. 쥐라기 : 공룡시대, 대개의 대륙들이 근접함 6. 트라이아스기 : 판게아대륙의 모습. 오스트리아 티롤 지방과 이탈리아 북부 돌로미티 지역의 암석 형성
		쥐라기 Jurassic Period	1억 4,000만 년~ 2억 1,000만 년 전	
		트라이아스기 Triassic Period	2억 1,000만 년~ 2억 4,500만 년 전	
고생대 古生代 Paleozoic Era	전기고생대	페름기 Permian Period	2억 4,500만 년~ 2억 8,600만 년 전	1. 우리나라의 경우 해침과 해퇴가 반복된 결과 페름, 석탄기 : 석탄(평안누층군), 오르도비스, 캄브리아기 : 석회암(조선누층군) 형성 2. 데본기 광물 : 구리, 금, 납, 아연 3. 데본은 영국 남서부 지방, 캄브리아는 웨일즈 지방의 지명에서 유래 4. 데본기에 중앙해령의 화산활동으로 인해 대규모 해침 발생 5. 후기고생대에 수차례 빙하기 출현 6. 캄브리아 화석 : 삼엽충
		석탄기 石炭紀, Carboniferous Period	2억 8,600만 년~ 3억 5,000만 년 전	
		데본기 Devonian Period	3억 5,000만 년~ 4억 년 전	
	후기고생대	실루리아기 Silurian Period	4억 년~ 4억 3,000만 년 전	
		오르도비스기 Ordovician Period	4억 3,000만 년~ 5억 년 전	
		캄브리아기 Cambrian Period	5억 년~ 5억 7,000만 년 전	
선캄브리아기 Precambrian time		원생대 原生代, Proterozoic Era	5억 7,000만년~ 25억 년 전	우리나라의 경우 경기편마암 및 지리산, 소백산 편마암을 형성
		시생대 始生代, Archeozoic Era	25억 년~ 46억 년전	시생대란 '오랜 생물'이란 뜻을 지님

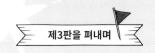

건강한 지구를 가슴에 품는
지리여행이 일상이길 바라며...

드디어 지리여행의 완결판을 출간하게 되었다. 초판이 출판되고 15년이나 걸렸다. 개정3판은 물 지리여행 편이 추가되었다. 물은 지구의 핵심 구성 물질이다. 지구환경 시스템은 물로 연결되어 있다. 물 지리여행이 지리여행의 완결판이 될 수밖에 없는 이유다. 그렇게 이 책은 지리여행의 완성판이 되었다.

지난 15년 동안 여행 문화가 크게 바뀌었다. 소그룹 테마여행이 여행의 근간을 이루고 있다. 출발 전 볼 것을 미리 정리하고, 현장에서 사진을 찍고, 또 노트에 기록도 하면서 여행지를 자신의 것으로 만들고 있다. 여행의 의미를 찾아 그곳에서 호흡한 흔적을 오롯이 마음으로 기억하는 여행이야말로 참 여행이라 할 수 있다. 지리여행이 추구하는 목표도 그러하다.

필자도 그간 여기저기서 지리여행 분야를 개척해 왔다. 2000년부터 시작한 건국대학교 온라인 수업인 '레츠고 지리여행'이 이번 학기 67기생을 맞이했다. 2012년부터는 한국방송통신대학교 관광학과에서 '한국지리여행 TV'를 강의하고 있다. 2015년부터 개설된 예술의전당의 '우리땅 지리여행' 강좌에선 10기생을 배출하며 국내외 50군데를 답사하였다. 또 2018년에는 인문계 고등학교에 새로 생긴 교과서 『여행지리』를 대표 집필하였다. 이 책 초판이 그런 결실들을 가능케 했다.

코로나 바이러스가 많은 것을 바꾸어 놓았다. 사람의 동선이 막혔다. 여행지가 막힌 것이다. 그래서 비대면 여행, '랜선 여행'이라는 신조어까지 등장했다. 향후 온라인 세상이 더 크게 펼쳐질 때, 지리여행은 AR, VR 여행의 핵심 콘텐츠가 되지 않을까 한다. 한편으로는 건강한 지구를 세상 사람들이 계속 즐길 수 있기를 바라고 있다.

2020년 10월 아침, 높은 하늘을 바라보며...
건국대학교 문과대학 지리학과 교수 박 종 관

땅의 생명력과 땅의 이치를 탐구하는
지리여행을 꿈꾸며...

땅이 좋아서 지리학 전공을 한 지 벌써 30년이 되었다. 地理. 글자 그대로, 땅에 이치가 있겠거니 하고 시작한 공부인데, 아직도 그 답을 못 찾았다. 地理를 모른 채 地 利만을 취하는 얄팍한 세상의 혼돈이 땅 원리에 대한 공부를 어지럽히고 있는 것이다.

예전 대학시절 땐 참 좋았다. 어디를 가나 땅이 신나게 살아 있었기 때문이다. 주변에 흔했던 초가와 황톳길, 그리고 굽이치는 작은 개울과 둥글고 야트막한 야산은 어린 대학생에게 땅의 생리를 조곤조곤 설명해 주던 순백의 스승이었다. 동네 우물에는 언제나 생기가 넘쳤으며 동네를 둘러싼 숲은 마을을 포근히 감싸던 어머니 품과 같았다. 숲에서 배어나온 물줄기들은 동네 담벼락 밑 한 뼘 수로를 통해 마을에 생기를 불어넣어 주었다. 이렇게 우리네 옛 마을은 도시, 시골 어디 할 것 없이 자연과 동화된 삶이 살아 숨 쉬던 곳이었다.

우리 조상들의 땅에 대한 애정은 지명에서 쉽게 찾아볼 수 있다. 땅 이름은 우리 향토문화의 나침반이다. 산과 들, 강과 바다 등 땅의 지리적 특성을 반영해서 붙여진 이름들이 대부분이다. 땅 이름이 곧 자연인 셈이다. 예컨대 큰 밭이 있어 대전이라 했고 땅이 넓어 광주라고 했다. 강의 발원지가 많아 강원이라 불렀으며 푸근한 강이 흐른다 해서 인천이라 칭했다. 우리 조상들은 땅에 존재하는 하천과 계곡, 우물, 연못, 포구, 나루터 등 마을 주변의 자연적 특성을 알고 그에 걸맞은 지명을 지어 향토의 특성을 단번에 드러내었다. 이를 통해 땅과 물은 본디 하나이며, 또 거기에 살고 있는 사람도 자연의 하나에 불과하다는 삶의 지혜를, 향토명을 통해 후손인 우리들에게 말하고 있는 것이리라.

그런데 언제부터인가 이러한 소중한 땅들이 생명을 잃어가고 있다. 아름답던 향토는 볼썽사나운 시멘트 더미로 덮였고, 부드럽고 온화한 곡선을 자랑하던 하천들은 생명 같은 물을 잃고 일직선 수로로 변형되었다. 우리의 땅에 기록된 소중한 삶의 문화가 그야말로 地利를 탐하는 어리석은 이들에 의해 파괴되어 가고 있는 것이다.

땅은 문화재다. 땅은 박물관이다. 땅은 건축물을 받치고 있는 무생물이 아니라 우리와 함께 공존하는 생물이다. 땅을 내 마음대로 해도 된다는 오만방자함을 버려야 산다. 택지개발이다 뭐다 하며 초록의 구릉지를 깎아 밋밋한 평지를 만들어 버리고는 무슨 잘한 일이라고 업적 자랑이다. 인구를 분산할 정책을 정해 놓고도 무슨 영문인지 수도권 택지개발공사는 계속되어야 한다고 주장한다. 땅의 생명선을 끊어놓고는 왜 하천에 물이 없냐며 남 탓을 한다. 정부는 무조건 개발의 당위성만을 부르짖으며, 일의 우선순위를 고민하라며 이성적 판단을 요구하는 이들을 몰아세운다. 아직도 시화호 방조제 공사에서 얻은 교훈을 인식하지 못 하고, 대운하니 4대강 개발이니 하는 통에 전국이 시끄럽다.

대규모 토지공사는 그 어느 것 하나 땅의 생리를 존중한 흔적은 찾아볼 수 없다. 땅의 이치를 따지며 땅이 감당해낼 수 있는 한계를 고민한 사례는 어디서도 찾아보기 힘들다. 평탄한 땅이 동이 나자 이젠 야산이 개발 대상물로 부각되고 있다. 나라에서 세운 기업이 산을 깎고 아파트를 지어 돈을 챙긴다. 현대판 봉이 김선달이 따로 없다.

우리 국토의 7할 정도가 산지라지만, 우리의 산은 외국 산지에 비하면 매우 연약하기 짝이 없다. 미국, 캐나다, 유럽 심지어 일본의 산지와 우리 산지와는 그 지형적 상황이 매우 다르다. 외국의 산들은 근본적으로 인간의 접근을 거부한다. 그러나 우리네 산들은 절대적 해발고도가 낮아 예로부터 인간의 접근을 쉬이 허락해 주었다. 이미 완벽한 태고적 자연을 그대로 유지하고 있는 곳은 거의 없다. 이런 이유 때문일까? 땅을 함부로 해도 된다는 그릇된 사고가 마치 상식처럼 자연스러운 것이 되어 버렸다. 안타깝게도 급경사 산자락을 빼고는 우리 땅의 원래 모습을 찾아볼 수 없게 되었다. 향토문화 훼손이 극에 달한 것이다. 곳곳의 다채롭던 땅이 개성을 잃고 속물스런 원색의 간판을 안고 서 있는 도시 모습은 우리를 슬프게 한다.

이런 상황에서 땅의 생명을, 땅의 이치를 어떻게 분간해야 할 것인지 고민이 크다. 地理를 공부한 지 30년이 넘도록 땅이 안고 있는 자연과 인문의 총체적 중요성을 현실로 적용시키지 못한 책임을 절감한다. 지금이라도 하던 일을 모두 멈추고 우리가 지금 파헤치고 있는 대단위 공사가 과연 옳은 일인지를 곱씹어 봐야 할 것이다.

이 책은 원래 이러한 무차별적인 개발에 대응하기 위해 집필되었다. '알고 떠나는 지리여행'에 재미를 붙이면 더 이상 무자비한 개발을 막을 수 있으리란 믿음이 근저에 깔려 있었던 것이다. 영국과 일본의 정원을 언제까지 부러운 눈길로 보고만 있을 것인가? 감성지수가 높은 사람들이 즐거움을 찾을 수 있는 성숙한 사회가 하루 빨리 실현되길 기대해 본다. 또한 땅의 생리를 존중하며 세상을 나누는 현자들이 많아지기를 기대할 따름이다.

요사이 지오투어리즘(Geo-Tourism)이란 말을 자주 접하게 된다. 생태여행의 기본이 '터(field)'에 있음을 뒤늦게나마 깨닫게 된 것같아 다행이다. 지리여행은 지오투어리즘의 기본이며, 이 책이 지오투어리즘의 방법론을 제시했다는 평가를 받는다면 더 없는 영광이겠다.

또한 초판의 설익음에도 불구하고 7쇄까지 찍을 수 있었던 것은, 많은 사랑을 아끼지 않으셨던 애독자 덕분임은 두말 할 나위가 없다. 새로운 디자인으로 옷을 갈아입은 제2판은 바뀐 지명 등을 반영하여 수정하고 부록으로 '지리여행지 100선'을 추가하였다. 이를 위해 수고해 주신 지오북의 여러분에게 깊은 감사의 말씀을 드린다.

2009년 9월
건국대학교 이과대학 지리학과 교수 박 종 관

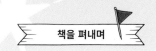
환경여행과 생태여행의 출발,
지리여행을 시작하며...

요즘은 가족이나 연인끼리 친구나 직장 동료들 또는 홀로 여행을 떠날 기회가 많습니다. 설렘을 안고 떠난 여행지에서 무엇을 보고 담아 오시나요?

문화유적지나 경승지 같은 곳엘 가면 어른들과 함께 여행 온 아이들이 공책에다 연필로 또박또박 그곳의 안내판을 보며 기록하거나 사진을 찍는 광경을 자주 보게 됩니다. 참 기특하다는 생각을 하게 되지요. 그럼 그곳의 자연 환경의 특징에 대해서는 어떨까요? 안내판을 아무리 뜯어보아도 그곳의 전설에 대한 내용은 있지만 대부분 자연환경을 폭넓게 설명하는 글은 없습니다. 그래서 그냥 아~ 멋진 절경이구나 하고 감상하며 싸가지고 간 맛난 음식을 먹고, 물장구를 치며 놀거나 쉬다 오는 것이 전부였을 겁니다. 그러나 이제부터는 그런 멋진 경치를 보면서 더 이상 그런 '휴식공간'으로만 여겨서는 안 된다는 것이 제 생각입니다.

여러분은 '지리여행(Geo-Travel)'이란 말을 들어본 적이 있나요? 네? 처음 들으셨다고요? 아마 그럴 거예요. 왜냐하면 제가 처음 만들어낸 말이거든요. 한마디로 말해서 '우리 국토를 자세히 알자'는 여행이 바로 지리여행이랍니다. 즉 우리 주변의 산, 강, 바다와 같은 자연이 빚어낸 멋진 경관과 그곳에 깃들어 사는 사람들을 찾아보며 알고 느껴보자는 것이 바로 지리여행의 목표입니다. 역사여행이 사적지나 유적지를 찾아 떠나는 테마여행이라면 지리여행은 자연과 사람을 찾아 나서는 테마여행입니다.

광활한 지구를 항상 느끼며 살아야 한다는 주장은 억지일 수도 있겠지만 적어도 우리가 지켜야 할 지구에 대한 최소한의 예의가 아닐까 생각합니다. 우리의 제주도를 비롯하여 스위스의 융프라우, 영국의 세븐시스터즈, 미국의 그랜드캐년, 노르웨이의 대륙빙하, 일본의 후지산, 중국의 계림 등은 세계적인 절경으로 손꼽히는 곳입니다. 그런데 이런 지형들이 생겨난 형성과정을 조금만 이해하고 있어도 그 신비감은 더욱 커질 것이며 마치 지구를 가슴에 가득 안은 기분일 겁니다.

외국에선 이미 많은 사람들이 자연으로 나가 그곳의 지형 경관과 특성에 대해 음미하는 지리여행을 즐기고 있답니다. 물론 자연만이 그 대상은 아니죠. 그 지역의 모습과 지역주민들의 생활을 살펴보는 것도 지리여행의 아주 중요한 부분이랍니다. 지리여행이야말로 여행문화를 새롭게 바꿀 환경여행, 생태여행의 출발선인 것입니다.

여러분께 21세기의 새로운 테마여행으로 지리여행을 제시하고자 합니다. 지리여행을 통해서 자연과 더불어 편안한 휴식과 행복을 얻어 보시길 바랍니다. 그리고 우리 강토, 우리 지구를 '마음'으로 사랑해 보세요. 지리여행을 절대 어렵다고 생각하지 마세요. 자연의 신비와 사람의 정을 그냥 몸으로 느끼는 순간, 그게 바로 성공적인 지리여행이 될 테니까요.

이 책은 2000년부터 전국의 대학생을 대상으로 강의해온 사이버 강의안을 토대로 쓴 것입니다. 여기에 게재된 사진은 일부를 제외하고는 제가 이십여 년간 발로 얻어낸 우리 땅의 얼굴들입니다.
한편 사막과 빙하와 같이 우리나라에 존재하지 않는 지형은 내용의 산만함을 피하기 위해 다음에 나올 세계지리 여행편으로 미루고자 합니다.

마지막으로 저자보다도 더 깊은 열의로 출간에 힘써주신 지오북의 황영심 사장님과 디자이너 김길례님께 깊은 감사의 말씀을 드립니다. 그리고 사진을 제공해주신 여러분께도 감사의 말씀을 드립니다. 이 책의 출간을 계기로 지리여행의 대중화를 간절히 기대해 봅니다. 감사합니다.

자… 그럼 어서 빨리 지리여행을 떠나볼까요? 여러분과의 지리여행은 산에서부터 출발하게 됩니다.

2005년 9월 일감호에서

서강의 선돌(강원도 영월군)

북한산에 발달된 절리의 모습

━━ Chapter 01 ━━

풍화
지리여행

북한산은 지금부터 약 1억 6,000만년 전에

지하에서 굳은 화강암이 만든 산입니다.

네? 땅 속에서 굳어진 돌이 왜 지금은 땅 위로

올라와 있냐고요? 바로 그겁니다.

그 호기심이야말로 지리여행의 가장 중요한

필수조건입니다.

산에 가면
뭘 볼까?

우리나라는 70% 정도가 산지로 이루어져 있습니다. 한반도의 서남부 평야에 위치한 어느 도시에서나 조금만 북동쪽으로 향하면 바로 경사가 심한 산길을 만날 수 있죠. 수도 서울시만 해도 그렇습니다. 서울시는 거대한 화강암반의 분지 위에 발달된 대도시로 북으로는 북한산, 남으로는 관악산, 동으로는 수락산과 불암산, 서로는 덕양산을 볼 수 있습니다. 도심 한복판에도 북악산과 남산, 낙산, 인왕산 등의 산이 있어 우리는 산과 매우 친숙한 관계를 가지고 있죠. 아니 그보다도 '우리 동네 뒷산'이라는 말에서 풍겨나오듯 산은 우리네 삶 자체라고 생각해도 좋을 것 같습니다.

이렇듯 일상을 함께 하는 산이지만 우리는 산에 대해 얼마나 알고 있을까요? 우리는 산을 오르며 과연 무엇을 보았을까요? 높은 하늘과 푸른 숲, 깊은 계곡과 시원한 폭포, 그리고 크고 작은 바위들… 이런 생각을 하시는 분들은 그나마 수준급일 겁니다. 왜냐하면 '보긴 뭘봐! 올라가기도 바쁜데…' 하며 투덜거리는 분들도 적지 않을 테니까요. 그렇지만 '지리여행'을 즐기려는 분들이라면 반드시 산지가 형성된 원인이 무엇인지 생각해 봐야 합니다. 다시말해 흙과 바위, 계곡, 산봉우리 등은 어떻게 만들어졌을까 생각해 봐야 한다는 것이지요.

▲ 화강암반인 울산바위(강원도 속초시)

▲ 나마(강원도 양양군)

▲ 화강암반이 노출된 북한산 봉우리.

예를 들어 서울시의 북한산은 어떻게 만들어졌을까요? 북한산은 지금부터 약 1억 6,000만 년 전에 지하에서 굳은 화강암이 만든 산입니다. 네? 땅 속에서 굳어진 돌이 왜 지금은 땅 위로 올라와 있냐고요? 바로 그겁니다. 그 호기심이야말로 지리여행의 가장 중요한 필수조건입니다. 우리가 지금 보고 있는 산은 한없이 깊은 땅 속에서 굳어 있던 암석체가 그 위에 놓였던 지표면이 깎여나가는 바람에 땅위로 나타난 것입니다. 물론 화산과 같은 경우는 또 다른 형성 과정을 갖겠지만 말입니다.

이 장에서는 기반암의 종류와 관계없이 산에서 볼 수 있는 신기한 현상들에 대해 '풍화 지리여행'이란 이름으로 여행을 떠나볼까 합니다. 그럼 본격적으로 산을 관찰해 볼까요?

01 바위에 금이 갔어요

우리는 산에서 **절리**(節理, joint)[1, 2]를 쉽게 볼 수 있습니다. 절리란 바위 표면에 한 방향으로 평행을 이루며 갈라진 틈을 말합니다. 땅 속 깊은 곳에서 막대한 압력, 즉 **봉압**(封壓, confining pressure)을 받고 있던 기반암이 지표면의 침식으로 인해 압력이 점차 제거되면 기반암의 부피가 점점 팽창하며 절리가 발달하게 됩니다. 바로 이때부터 바위가 조금씩 갈라지게 되는 것이죠.

하지만 절리의 형성 원인을 이처럼 한마디로 설명하기란 매우 어렵답니다. 왜냐하면 마그마가 땅 속 깊은 곳에서 굳은 화성암에도 약간의 절리가 형성되어 있으며, 습곡이나 단층운동으로 인한 암석의 변형도 절리를 발달시키는 원인이 되고 있기 때문입니다. 그러나 그 어

| 절리 | 節理, joint

바위 표면의 가늘고 길게 갈라진 틈. 절리는 땅 위에 나타난 모든 암석에서 관찰된다. 엄밀히 말해서 절리는 화성암이 굳어지거나 기존의 암석이 변형을 받아 만들어진 암석의 파쇄면을 의미하는데 흔히 암석 표면에 다수의 방향성을 갖고 평행하게 발달되어 있다. 절리는 지하수의 흐름, 마그마 관입의 통로, 산사태 등의 원인이 된다.

| 봉압 | 封壓, confining pressure

지표면에서는 보통 10m의 물기둥의 압력을 1기압이라고 하지만 바위의 경우는 깊이 2.5m 정도 들어감에 따라 1기압씩 증가하게 된다. 지표면이 침식을 받아 두께 10m의 바위가 없어지면 4기압의 봉압이 제거된 셈이

1. 인왕산 절리(서울시 종로구)

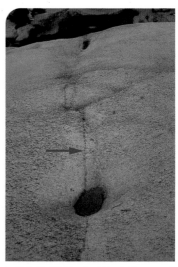

2. 절리. 아래의 동그란 부분은 나마(gnamma)이다(46쪽 참고).

22

3. 판상절리(충청북도 괴산군)

된다. 100m 깊이의 지층이 침식으로 없어져 버렸다면 40기압의 압력이 제거된 셈인데 그만큼 짓눌렀던 압력으로부터 풀려나면서 바위 여기저기에 절리가 생기게 된다.

| **판상절리** | **板狀絶理, sheeting joint**
지표면에 대해 수평 방향으로 발달한 절리를 판상절리라고 한다. 주로 화강암에 잘 발달된다.

4. 판상절리(강원도 속초시)

느 경우를 막론하고 땅 속의 기반암이 지표면에 노출되기 시작하면 봉압으로부터 해방되면서 절리의 발달이 활발하게 이루어집니다.

보통 절리는 여러 방향으로 자유로이 발달되어 있지만 특히 화강암의 경우 가로 방향으로만 탁월하게 발달되는 수도 있습니다. 그 결과 가끔은 여러 사람이 둘러앉기 딱 좋은 공간을 제공해 주기도 하죠. 우리는 이렇게 가로 방향으로 발달되어 있는 절리를 **판상절리(板狀節理, sheeting joint)**[3~6]라고 합니다. 지금이야 설마 그런 분들이 없겠지만 얼마 전까지만 해도 개울가 평평한 돌바닥 위에 돗자리를 깔고 앉아 온갖 반찬을 다 꺼내놓고 기분 좋게 고기를 구워먹기도 한 바로 그 장소가 판상절리로 만들어진 곳입니다. 하지만 그 평탄한 돌바닥이 생겨난 원인을 알고 앉아 계셨던 분들은 거의 없을 겁니다. 판상절리는 5cm 전후부터 1m 이상까지의 다양한 간격을 갖고 있습니다[6].

'어? 그렇담 **주상절리**(柱狀節理, columnar joint)[7]는 뭐였지…'라고 생각하는 분도 계실까요? 주상절리란 화산지형에서 볼 수 있는 용암이 굳어져 형성된 육각형의 세로 기둥을 말합니다. 용암이 지표로 분출된 곳에는 대부분 이 주상절리가 발달되어 있습니다. 이에 대해서는 제3장 '화산 지리여행' 편을 참고해 주기 바랍니다.

참고로 얼핏보면 판상절리와 아주 비슷한 모양을 만드는 박리 현상이라는 것이 있습니다. **박리**(剝離, exfoliation) 작용이란 기계적 풍화작용의 결과 암석 표면이 양파껍질처럼 얇게 벗겨지는 현상을 말하는데 박탈(剝脫) 작용이라고도 불립니다. 이 박리 현상은 주로 화강암에 잘 나타납니다.

| **주상절리** | 柱狀節理, columnar joint
화산암 지역에 나타나는 기둥 모양의 절리. 이 주상절리는 현무암과 같은 화산암이 급격히 굳어지면서 형성된 육각형의 단면을 갖는다. 주상절리의 대부분은 바닷가나 강가 등의 화산암 절벽면에서 관찰되는데 이는 세로 방향의 주상절리면을 따라 암석이 쉽게 떨어져 나가기 때문이다.

| **박리** | 剝離, exfoliation
기계적, 화학적 풍화작용에 의해 암석 표면이 마치 양파껍질 모양으로 벗겨지며 떨어져 나가는 현상.

5. 눈썹바위(인천시 강화군). 우리나라에서 판상절리를 볼 수 있는 대표적 장소이다.

6. 판상절리(강원도 속초시)

7. 무등산 정상에 발달된 입석대의 주상절리(전라남도 화순군)

8. 북한산 인수봉에 발달된 절리들(서울시 강북구)

9. 핵석에 발달된 박리 현상(경상남도 남해군)

사진 9는 경상남도 남해군 다랭이마을에서 발견된 화강암의 박리 현상을 찍은 것입니다. 국가지형박물관에 유물로 보존해야 할 정도로 아주 잘 발달된, 박리 현상의 전형을 보여주고 있었던 핵석(36쪽 참고)이었죠. 눈으로는 돌처럼 보이지만 사실을 손으로 톡 하고 건드려도 부스러지는 새프롤라이트였습니다. 그림 1은 암석이 붕괴되는 다양한 모습을 그림으로 나타낸 것입니다.

절리는 화강암 채석장에서 돌을 캘 때 아주 유용하게 활용됩니다. 석공들이 아주 희미하게 보이는 절리면을 찾아 정을 서너번 힘차게 박으면 집채만 한 바윗돌도 '쩍'하며 갈라지게 됩니다. 보통 사람이라면 엄두도 못 낼 그런 큰 돌을 쉽게 쪼개는 것은 석공들이 바로 이 절리를 잘 알고 이용하기 때문입니다.

A. 입상붕괴 : 돌 알갱이가 하나둘씩 떨어져 나가는 현상

B. 박리현상 : 암석 표면이 양파껍질처럼 벗겨져 나가는 현상

C. 암괴분리 : 절리의 교차로 인해 암석 덩어리가 분리되는 현상

D. 파쇄작용 : 망치로 돌을 두들겨 깬 것처럼 부서지는 현상

그림 1. 암석붕괴의 여러 종류

절리 틈새로는 빗물이 스며들어 가곤 하는데 사실은 이것이 지하수, 특히 암반지하수를 만드는 원인이 되고 있습니다. 그러나 이보다 더 중요한 것은 바위에 물이 들어가면 암석이 변질되어 썩게 됩니다. 암석은 썩으면 흙이 됩니다. 이를 암석풍화(岩石風化, rock weathering)[10]라고 부릅니다. 절리는 암석풍화의 가장 중요한 원인을 제공하고 있습니다.

✪ 북한산은 어떻게 생겨났을까?

화강암은 땅 속에서 태어난 암석입니다. 화강암은 심성암(深成岩, igneous rock)에 속하는 암석으로 지하 60km 아래에서 만들어진 마그마가 지표면을 향해 올라오다 굳어진 돌이죠. 그럼 1억 6,000만 년 전에 형성된 북한산 화강암은 어떻게 땅 위로 노출되었을까요?

만일 이 지역의 지면이 1년에 0.1mm 단위씩 비바람과 얼음에 의해 깎여 없어졌다고 가정해 봅시다. 그렇다면 북한산 화강암이 약 1억 6,000만 년 전에 만들어진 암석이라 했으니 북한산을 덮은 지층은 1,600만mm가 깎여나간 셈이 됩니다. 이를 킬로미터로 환산하면 16km에 해당하는 지층이 없어진 셈이죠. 이는 지금으로부터 1억 6,000만 년 전 땅 속 16km 지점에서 만들어진 돌

▲ 북한산 백운대(오른쪽)와 원효봉(왼쪽) 모습

이 현재 얼굴을 드러내놓고 있다는 것을 뜻합니다. 혹시 1년에 0.1mm 단위의 침식률에 동의 못하신다면 이를 반 정도로 줄여볼까요? 그렇게 양보하더라도 8km라는 계산이 나오는데 이는 서울시 한강다리의 5배 정도의 길이에 해당되는 지층이 침식을 받아 없어졌다는 말이 됩니다. 이러한 추론은 현재 보이는 북한산 화강암이 땅 속 8~16km 지점에서 형성된 후 지금 얼굴을 드러내고 있다는 것을 의미합니다.

10. 불암산의 암석풍화(서울시 노원구)

02 돌이 썩어 흙이 된다

우리는 어떤 물체가 부패할 때 흔히 썩는다는 말을 사용합니다. 썩는다는 것은 신선한 물체가 원래의 특성을 잃고 다른 물질로 변질된다는 것을 의미하죠. 여러분이 아시는 것처럼 이 세상의 모든 물질은 썩게 되어 있습니다. 돌도 썩나? 그럼요. 물론 돌도 썩습니다. 예외는 아니지요. 돌도 아주 오랫동안 지표상에 노출되면 푸석푸석하게 썩어 없어집니다. 우리가 매일 밟고 다니는 흙은 바로 신선했던 돌이 썩어서 만들어진 결과물입니다.

이렇게 암석이 썩는 것을 **풍화**(風化, weathering)[11]라고 합니다. 풍화의 엄밀한 사전적 정의는 '암석이 지표면에서 그 위치를 바꾸지 않고 지표의 영향을 받아 변질되는 현상'을 말합니다. 즉 암괴가 이동되면서 그 크기가 줄어드는 것은 풍화라고 하지 않는다는 얘기죠.

| 풍화 | 風化, weathering
암석이 제자리에서 비와 바람, 햇빛 등에 의해 잘게 부서지는 현상. 크게 기계적 풍화와 화학적 풍화로 나뉜다.

11. 풍화토(강원도 양구군)

12. 비슬산 암괴류(대구시 달성군)

| 기계적 풍화 |

機械的 風化, mechanical weathering
화학적 반응 없이 암석의 파편이 잘게 떨어져 나오는 현상으로 주로 기온 변동에 따른 암석의 팽창과 수축, 서릿발 성장, 식물뿌리 성장 등에 의해 이루어지며 물리적 풍화(物理的 風化, physical weathering)라고도 부른다.

| 화학적 풍화 |

化學的 風化, chemical weathering
조암광물과 화학적 반응이 일어나 암석이 변질되는 것으로 산화작용, 용해작용, 가수분해, 수화작용 등이 이에 속한다.

우리가 어느 산에서나 볼 수 있는 가장 대표적인 자연 현상이 바로 풍화입니다. 한자로는 '바람 풍(風)'에 '화할 화(化)'자를 쓰고 있습니다. 왜 그런 한자를 사용하는지 잘 모르겠지만 돌이 썩으면 바람에 날리는 흙이 된다는 뜻에서였을까요? 아무튼 風化(풍화)라고 합니다.

그럼 풍화에 대해 좀 자세히 알아볼까요? 풍화에는 기계적 풍화와 화학적 풍화 두 가지 종류가 있습니다. **기계적 풍화**(機械的 風化, mechanical weathering)란 화학 반응과 관계없이 암석이 압력을 받아 잘게 부서지는 현상을 말합니다. 산에 가면 모가 난 돌덩이들이 산사면에 잘게 흩어져 있는 것을 쉽게 볼 수 있습니다[12]. 바로 이것이 기

13. 기계적 풍화작용의 일종인 암괴분리(충청남도 태안군)

14. 나무뿌리의 성장(경상남도 고성군)

15. 서릿발

계적 풍화작용에 의해 형성된 것입니다. 일교차나 연교차가 큰 기후 지역에서 이같은 현상이 잘 나타납니다.

한편, 절리가 교차하면 사진 13과 같이 암석이 잘게 떨어져 나가기도 합니다. ^{27쪽 그림 1} 우리는 이를 **암괴분리**(block separation)라고 부르고 있습니다. 사진 속 학생들이 밟고 있는 돌들은 바로 뒤의 절벽에서 떨어져 나온 것입니다. 그밖에 나무뿌리도 암석을 풍화시키는 힘이 있습니다. 나무뿌리가 절리 틈으로 들어가면 바위 틈을 벌리는 데 한 몫을 하게 됩니다.[14] 혹자는 나무뿌리에서 나오는 산성 물질들도 암석의 화학적 풍화작용을 일으킨다고 주장하고 있습니다.

기계적 풍화작용에 대한 현상을 한 가지만 더 말씀드려 볼까요? 한 겨울에는 땅이 얼어서 지표면으로부터 서릿발(霜柱)이 성장하게 되는데 바로 이 서릿발이 흙과 돌편을 들어올려 토양 표층의 풍화작용을 돕는 역할을 하고 있습니다. 사진 15는 길이 10cm가 넘는 서릿발을 찍은 것입니다. 여러분이 잘 아시는 보리밟기도 서릿발의 성장으로 인해 들추어진 토층을 다시 밟아줌으로써 보리 뿌리가 얼어 죽는 것을 방지하기 위한 것입니다.

반면, **화학적 풍화**(化學的 風化, chemical weathering)는 충청북도 고수동굴, 온달동굴이나 강원도 고씨굴, 환선굴 등의 석회동굴처럼 석회암을 녹여 종유석과 석순, 석주 등을 형성시키는 **용해**(溶解, solution)현상으로 대표되고 있습니다.[16] 또 장석(長石)과 같은 규산염 광물(硅酸鹽鑛物, silicate mineral)이 화학적 풍화작용을 받아 고령토나 보크사이트와 같은 점토 광물로 변하는 가수분해(加水分解, hydrolysis)라는 것도 있습니다. 어렵다고 생각되면 그냥 '암석이 화학적 풍화작용을 받으면 완전히 다른 광물로 바뀌는구나' 하고 생각하기 바랍니다. 그밖에 열대 지방의 붉은 **라테라이트 토양**은 산화작용(酸化作用, oxidation)의 결과이며, 석고나 분필이 물을 먹고 흐물흐물해지는 수화작용(水和作用, hydration) 역시 화학적 풍화작용의 일종입니다.

앞서 말씀드린 것처럼 여러 원인으로 말미암아 돌이 썩으면 겉으로는 바위처럼 보이나 속은 푸석푸석한 흙으로 된, 즉 돌처럼 보이는 흙이 만들어지게 됩니다. 바위가 썩어 있는 이와 같은 **풍화토**[10, 11]를 우리는 **새프롤라이트**(saplorite)[17, 18]라고 합니다. 화학적 풍화작용의 결과로 발달되는 새프롤라이트는 손으로도 쉽게 긁어낼 수 있을 만큼 강도가 약합니다.

16. 석회암의 용해작용으로 형성된 고수동굴 내부(충청북도 단양군)

17. 새프롤라이트와 핵석(강원도 양구군)

18. 새프롤라이트와 핵석(강원도 강릉시). 지금은 해안도로 확장 공사로 인해 사라지고 없다.

종종 새프롤라이트가 발달되어 있는 화강암 풍화층 속에서 사진 9, 17, 18과 같은 동그란 바위를 발견할 수 있습니다. 새프롤라이트는 절리가 교차해 지나간 부분을 중심으로 발달하게 되며 풍화의 진전 속도가 느려서 절리 중앙의 풍화가 되지 않은 암석은 동그랗게 남게 됩니다.^{그림 2} 이 동그란 돌을 **핵석**(核石, core stone)[19]이라고 부릅니다. 새프롤라이트가 오랫동안 침식을 받아 깎여나간 뒤에 이 핵석들이 지표면 위에 남아있게 되면 토어(tor)라고 하는 지형이 만들어지게 됩니다.

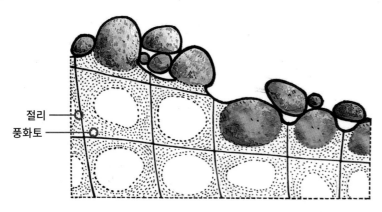

절리
풍화토

그림 2. 핵석의 형성 과정. 절리를 따라 풍화작용이 진행되면 풍화토가 제거되고 비교적 단단한 가운데 부분이 남아 핵석이 된다.

| 새프롤라이트 | saprolite

암석의 화학적 풍화에 의해 형성된 풍화토. 우리나라의 경우 새프롤라이트는 화강암 풍화토를 가리키는 것이 보통이나 변성암이 풍화를 받아 만들어진 흙도 새프롤라이트라고 부른다 (사진 49). 화학적 풍화작용이 활발히 일어나는 열대 습윤 기후대의 경우 땅 속 깊은 곳까지 심층풍화(深層風化, deep weathering) 현상이 일어나 새프롤라이트의 깊이가 100m에 달하는 경우가 있다.

| 핵석 | 核石, core stone, | 토어 | tor

화강암과 같은 비교적 균일한 암석에 절리가 교차해 발달할 경우 절리면을 따라 풍화가 진전되면서 가운데의 신선한 부분이 남아 둥근 모양의 화강암괴가 만들어지는데 이같은 지형을 핵석이라고 한다. 특히 절리면을 따라 진전된 풍화가 기반암괴를 노출시키면 토어(tor)라고 부르는 미지형이 만들어진다. 토어는 영국 남서부에 위치한 다트무어(Dartmoor) 국립공원의 Tor 지형에서 유래한 말이다.

19. 핵석인 설악산 흔들바위(강원도 속초시)

03 바위 벌판과 신기한 생김새의 바위들

| tor의 우리말 표기 |

tor의 우리말 표기

tor는 우리말로 '토르' 또는 '토어'라고 표기할 수 있습니다. 현재 지형학계에서는 '토르'라는 말을 주로 사용하는데 이 책에서는 원음에 충실하기 위해 tor를 '토어'라고 표기했습니다. 참고로 일본에서는 '토아(トア)'로 발음하고 있습니다.

여러분은 산 능선 위에서 재미있게 생긴 바위들을 보신 적이 있으신지요? 산 정상부에 삐~쭉 서 있는 게 어떻게 보면 탑 같기도 하고, 어떻게 보면 짐승을 닮은 것 같기도 한 바위들 말입니다. 이렇듯 산 능선에 서 있는 기괴한 암체(岩體)를 우리는 **토어(tor)**라고 합니다. 예를 들어 사진 20의 오른쪽 바위는 도봉산 중턱에 놓인 문어 모양의 토어[20의 화살표]를 찍은 것이며, 사진 21은 북한산 정상부의 오리 모양의 토어를 찍은 것입니다. 그렇다면 산 능선 위의 토어는 왜 생길까요?

20. 도봉산 중턱의 문어 모양을 한 토어(서울시 도봉구)

21. 북한산 정상부의 토어(경기도 고양시)

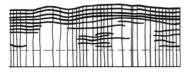

A. 지표면의 수평, 수직으로 집중 발달한 절리

B. 절리면을 따라 풍화가 진행되고 있는 모습

C. 풍화물이 제거되면 땅 속에 들어있던 암반이 노출되어 토어를 이루게 된다.

그림 3. 토어의 발달 과정

암탑(岩塔)이라고도 불리는 토어는 화강암의 절리 발달 정도 및 심층풍화작용에 의해 만들어진 탑 모양의 기반암체를 말합니다. ^{그림} ³ 원래 토어란 영국 남서부에 위치한 다트무어(Dartmoor) 국립공원의 화강암 지형에서 유래된 말입니다. 사진 22는 바로 그곳의 토어를 찍은 것입니다. 이 국립공원 여기저기에는 그레이트 미즈 토어(Great Mis Tor, 539m), 하멜다운 토어(Hameldown Tor, 529m), 헤이토어(Haytor, 454m) 등의 토어가 분포되어 있는데 '토어'라는 용어는 바로 이곳의 토어에서 유래하는 말입니다. 이곳 경치 참 멋있죠?

황무지(moor) 같은 황량한 산 정상부에 이런 토어가 자리잡게 된 이유는 앞서 말씀드린 바와 같이 차별적 풍화작용 때문입니다. 사진 24와 같이 사진 중앙의 새프롤라이트가 제거되면 사진 왼편의 암석 부분만이 정상에 남아 토어가 만들어지게 되죠. ^{그림 3의 C}

이 사진은 쉽게 볼 수 없는 귀중한 사진이니 잘 살펴보시기 바랍니다. 높이 수 미터 또는 10여 미터 정도의 규모를 가진 이 토어들은 대개 산지나 구릉지의 정상부에 발달되어 있습니다. 그럼 이 토어가 형성된 시기는 대략 언제쯤일까요? 학자들의 연구에 의하면 이들 토어는 약 200만년 전쯤인 신생대 제3기 말이나 제4기의 빙하기에 형성

22. 다트무어 국립공원의 토어의 모습들(영국 데본주)

23. 토어(경상북도 경주시)

24. 토어의 발달 과정(영국 데본주). a부분이 제거되면 b의 암석체만 남게 되어 토어가 형성된다.

되었다고 합니다.

토어는 일반적으로 화강암 산지에 잘 발달되어 있습니다. 서울시의 화강암 산인 북한산이나 도봉산, 수락산, 불암산, 관악산 등지에서 토어를 잘 볼 수 있죠. 설악산의 흔들바위도 토어의 일종으로 생각하면 됩니다. 동그란 핵석이 지표면 위에 남아 만들어진 것이 바로 흔들바위랍니다. 우리나라에서 볼 수 있는 토어는 영국의 토어와는 모양새가 다르지만 산 정상부에 만들어진 돌출된 바위라는 성인상 공통점을 갖고 있습니다.

한편, 우리는 산지 곳곳에서 바위 표면에 크고 작은 구멍들이 뚫려 있는 모습을 쉽게 볼 수 있습니다. 마치 벌레가 파먹은 것처럼 바위 표면이 움푹움푹 패여 있는 이 현상을 지형학에서는 **타포니**(tafoni) 또는 **풍화혈(風化穴)**[25~31]이라고 부릅니다. 타포니는 입상붕괴라고 하는 풍화작용을 받아 만들어지게 됩니다. [27쪽 그림 1의 A]

우리나라에서 타포니를 볼 수 있는 대표적인 곳은 전라북도 진안군에 위치한 마이산입니다. 사진 26은 마이산(馬耳山, 685m)의 타포니를 찍은 것으로 역암(礫岩)이라는 퇴적암이 풍화작용으로 뜯겨나가

| **타포니** | **tafoni**

풍화작용 결과 화강암과 같은 암석 표면에 크고 작은 구멍이 뚫려 만들어진 기괴한 모양의 미지형. 암석 표면에 세숫대야나 재떨이같이 옴폭한 모양을 한 **나마 또는 풍화호(風化壺, gnamma)**와 함께 **풍화혈(風化穴)**로 총칭된다. 일단 작은 크기의 풍화혈이 형성되면 기계적, 화학적 풍화작용이 활발히 일어나 그 크기는 점차 커지게 된다. 전라북도 진안군에 위치한 마이산은 역암(礫岩)에 발달된 타포니군(群)을 볼 수 있는 곳으로 유명하다.

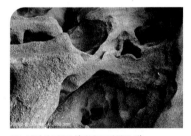

25. 불암산 타포니(경기도 남양주시)

26. 마이산 타포니(전라북도 진안군)

27. 마이산 전경

여기저기에 깊은 구멍이 패인 것을 볼 수 있습니다. 서울시 근교에서도 멋진 타포니를 볼 수 있는 곳이 많습니다.

사진 25는 화강암 산지인 경기도 남양주시 불암산 동사면에 발달되어 있는 타포니를 찍은 것입니다. 아주 무섭게 보이는 이 타포니는 불암사라는 절 뒤편에 서 있는데 사람들은 이 바위 구멍에다가 촛불을 세우고 부적을 붙이며 소원을 비는 곳으로 사용하고 있습니다. 그만큼 바위 모양이 신비롭게 생겼기 때문이겠죠.

타포니는 화산암에도 나타나는 미지형(微地形, 규모가 작은 미세지형)입니다. 목포시의 갓바위가 그 대표적인 사례죠? 해안가에 발달된 타포니 역시 섬뜩한 느낌을 주고 있네요.[31] 벌레가 파먹은 듯이 무섭게 생긴 타포니는 세계 어디서나 관찰가능한 풍화 미지형입니다.

28. 불암산 타포니(경기도 남양주시)

29. 동해안 해변의 화강암 타포니(강원도 고성군)

30. 인왕산 선바위의 타포니(서울시 종로구)

31. 갓바위(천연기념물 제500호)라 불리는 이 타포니 지형은 해안가에 자리하고 있다(전라남도 목포시).

04 화강암 미끄럼틀과 바위 바다

앞에서 말씀드린 타포니도 아주 재미난 모양의 바위를 만들어내지만 신기한 바위 모양을 만드는 자연 현상은 그 밖에도 여러 가지가 있습니다. 언젠가 불암산 정상을 향해 올라가다가 깜짝 놀라 혼자 흥분한 적이 있었습니다. 왜냐하면 산 중턱에서 사진 34와 같이 아주 이상하게 생긴 절벽을 봤기 때문입니다. 와~! 마치 미끄럼틀 같은 이 세로줄은 과연 무엇일까요? 사람들이 밥주걱으로 박박 긁어 이렇게 만들어 놓은 것일까요? 결론부터 말씀드리면… 아닙니다. 이는 모두 자연이 만들어 놓은 위대한 걸작품이랍니다.

사진 32~34에서 보이는 세로로 만들어진 침식지형은 **그루브(groove)**라고 불리는 미지형입니다. 모두 풍화작용에 의해 만들어진 잔존지형이죠. 사진처럼 단단한 화강암에 홈이 움푹 패어 있는 것을 보고 있노라면 그야말로 영겁의 세월이 느껴집니다. 이 그루브는 빗물에 의해 침식받은 지형으로 알려져 있습니다. 물론 기계적, 화학적 풍화작용이 복합적으로 작용한 결과이기도 하죠. 이곳이 완전히 바위로 노출되기 전의 상황을 상상해 보세요. 이 바위 위로는 아마도 비교적 두꺼운 토층이 쌓여 있었을테고… 땅 속으로 들어간 빗물이 흙과 기반암의 경계부를 따라 흘러 갔을 겁니다. 아주 오랜 지질시간 동안에 말입니다. 그래서 사진 33과 같은 깊이 20~30cm, 폭 20cm, 길이 10m 정도의 홈을 파 놓았을 것입니다. 1억 5,000만 년도 더 되는 시간 저편에서 일어난 일들이니 아마도 이 그루브가 형성된 때는 지금과는 판이한 기후 조건이었을 것이라 짐작할 수 있는 대목입니다.

그루브와 함께 또 다른 재미난 미지형을 소개해 드릴까요? 사진 35

| 그루브 | groove
화강암 돔(dome)의 세로 방향으로 길게 패인 홈. 빗물이 파놓은 지형으로 암석 표면에 물 흐른 자국이 미끄럼틀 모양을 하고 있어 흥미롭다. 서울시 근교의 북한산, 수락산, 불암산 등 화강암 돔 지형이라면 어디에서나 쉽게 볼 수 있다.

32. 아차산 그루브(경기도 구리시)

33. 불암산의 그루브(경기도 남양주시)

34. 불암산에 있는 그루브(경기도 남양주시). 화강암이 빗물에 의해 침식되어 골이 패인 모습이다.

는 **나마**(gnamma)라고 불리는 둥그런 모양의 화강암 지형입니다. 이 나마는 화강암 구성광물 중 장석의 화학적 풍화작용과 지표류 침식이 만들어낸 합작품으로서 속리산 문장대나 강원도 양양군의 하조대와 같은 화강암 정상부에 가면 크고 작은 재떨이 모양의 나마를 잘 보실 수 있습니다. 사진 35가 특히 흥미로운 점은 나마가 서로 바위 속으로 연결되어 있다는 것입니다. 물은 아래쪽 나마에서 위쪽 나마로 바위 밑 3cm 아래 손가락만한 구멍을 타고 흘러가는데 결국 이 나마들이 서로 연결되어 그루브 같은 홈 모양의 지형을 만들 것입니다.

한편, 조금만 도시를 벗어나게 되면 우리는 **암괴원**(岩塊原, block field)이라고 불리는 돌무더기를 쉽게 볼 수 있습니다. 대개 퇴적암이나 변성암 산지의 산사면에 잘 발달된 암괴원은 기반암이 기계적 풍화를 받아 잘게 쪼개져 나온 것으로 날카로운 돌더미를 이루는 것이 특징입니다. 이밖에 **암괴류**(岩塊流, block stream)[40, 41]라는 것도 있는데 이는 폭이 암괴원보다 좁고 길어 마치 돌무더기가 흐르고 있는 것과 같은 느낌을 줍니다.

사진 36~39은 **테일러스**(talus)라고 부르는 지형을 찍은 것입니다. 우리말로 **애추**(崖錐)라고 하는 이 지형은 일교차와 연교차가 심한 기후

| 나마 | gnamma
우리말로는 '가마솥 바위'라고 하며 화강암의 화학적 풍화작용과 지표류의 침식으로 만들어진다.

| 암괴원 | 岩塊原, block field
고도가 높은 평탄한 산정부의 완사면에 넓게 펼쳐진 모가 난 크고 작은 돌밭. 암편들이 마치 바다와 같이 흩어져 있다고 하여 **암해**(岩海, felsenmeer)라고도 한다. 이러한 지형이 형성된 원인에 대해 학자들은 주빙하 기후와 관련지어 해석하고 있으나 화학적 풍화작용의 결과로 설명하는 경우도 있다. 암괴들이 등고선과 직각방향으로 분포하고 있는 경우나 5도 이상의 경사면에 분포하는 경우를 특히 **암괴류**(岩塊流, block stream)라고 부른다.

안식각

그림 4. 테일러스 모식도(점선 표시 부분)

35. 나마에 물이 흐르는 모습(서울시 광진구)

36. 테일러스(충청북도 괴산군)

37. 백두산 장백폭포 주변에 발달된 광활한 테일러스

대에서 동결과 융해가 반복되면서 기계적 풍화작용이 일어난 결과 형성된 지형입니다. 급경사의 절벽면이 풍화를 받으면 절벽 밑으로 흙 입자(암설)가 떨어져 쌓이게 되는데 이 원추형의 퇴적지형을 테일러스라고 부르는 것입니다. 테일러스가 잘 발달되기 위해선 우선 다량의 **암설(岩屑, debris)**이 떨어져 나올 것, 그리고 사면에 쌓인 암설이 제거되지 않을 것 등의 조건이 있습니다. 테일러스 사면의 **안식각**은 보통 30~40°를 이루고 있습니다.

사진 38은 칠레의 안데스 산맥 줄기에 위치한 아타카마 사막의 테일러스를 찍은 것입니다. 사질과 점토질로 구성된 절벽 노두로부터 암설이 떨어져 나와 멋진 테일러스를 만들고 있네요. 저 사진을 보면서 안식각이 다시금 머릿속에 떠오릅니다. 퇴적 물질에 따라 사면을 안정시키는 각도가 달리 나타나는구나... 하고요. 지구 최대의 열대사막이라고 불리는 이 아타카마 사막에는 과거 바다 속에 있었던 지역이 융기한 곳이라 점토 사막으로 불릴 정도로 점토질이 많이 포함되어 있습니다. 사막의 큰 일교차가 이런 암설 테일러스를 만들어낸 거죠. 미국에서 찍은 사진39은 고산기후가 만든 테일러스를 찍은 것입니다. 역시 심한 일교차와 연교차가 만들어낸 기계적 풍화작용의 결과물입니다.

| 테일러스 | talus
절벽으로부터 암설이 떨어져 쌓여 생긴 단면이 직선을 이루고 있는 원추형의 퇴적지형. 우리말로는 **애추(崖錐)**라고 한다. 테일러스의 상부에는 입자의 크기(입경, 粒經)가 작은 물질들이 쌓이며 하부에는 입경이 큰 돌들이 쌓이게 된다. 테일러스를 이루는 암설은 주로 절벽면이 기계적 풍화작용을 받아 떨어진 것들인데 테일러스는 고산지대와 건조지대에서 잘 발달된다.

| 암설 | 岩屑, debris
풍화작용에 의해 암석으로부터 분리된 암편이나 흙입자.

| 안식각 | 安息角, angle of repose
안식각이란 모래나 자갈 등의 점착력이 없는 물질이 외부로부터의 충격이 없는 상태에서 정지할 수 있는 최대의 경사각을 말한다. 이에 따라 각력이 많은 곳의 안식각은 커지게 되며 모래로 이루어진 경우의 안식각은 작아지게 된다. 안식각은 보통 30~40°의 각도를 갖고 있다.

38. 테일러스(칠레 산페드로데아타카마)

39. 테일러스(미국 캘리포니아주)

40. 운봉산 암괴류(강원도 고성군)　　　　　　　　**41.** 백운산 암괴류(경상남도 함양군)

테일러스보다 더 넓은 지역에 걸쳐 돌들이 널려 있는 경우가 있습니다. 이러한 산 정상부에 바위벌판이 만들어지게 되는 것을 **암해**(岩海, felsenmeer)라고 합니다. 앞서 암괴원이라는 것을 설명했습니다만 이 암해 역시 암괴원의 일종으로 생각하면 됩니다. 글자 그대로 해석하면 바위로 만들어진 바다라는 의미입니다만 이 암해 역시 기계적 풍화작용의 산물입니다. 사진 40은 강원도 고성군에 위치한 운봉산 암괴류를 찍은 것입니다. 암괴류는 테일러스와 같이 과거 우리나라의 기후조건을 알 수 있는 화석지형입니다. 왜냐하면 현재와 같이 온난한 기후조건 하에서는 이런 테일러스나 암해, 암괴류가 형성되기 어렵기 때문입니다. 이러한 지형들은 과거 우리나라의 옛 기후조건을 살피는 데 아주 좋은 증거물이 되고 있습니다.

여러분도 이곳에 가 보면 정말 자연의 위대함을 느낄 수 있을 겁니다. 저는 이곳에 처음 갔을 때 혼자 '와~! 야~!' 감탄하며 한동안 입을 다물지 못했답니다. 이런 지형은 당연히 천연기념물로 지정, 보호되어야 할 것입니다. 이러한 암해와 암괴류 지형은 이곳 외에도 부산시 금정산, 광주시 무등산, 대구시 달성군 비슬산 등지에서도 찾아볼 수 있습니다.

05 기반암이 산 모양을 바꾼다

지금까지 산에 가서 볼 수 있는 풍화 지형을 알아보았습니다. 풍화작용을 이렇게 길게 설명한 이유는 우리가 산에서 볼 수 있는 아주 많은 것들이 바로 풍화에 의해 형성된 지형이기 때문입니다. 이제 이런 풍화 지형을 산에서 보시면 '아! 이게 바로 절리구나!… 저게 핵석이지!… 저건 테일러스다!' 하며 자연을 몸으로 느끼며 친구들에게 말할 수 있을 겁니다. 그럼 이제 좀 더 넓은 범위의 얘기를 해 볼까요? 나무 이야기만 하면 숲을 볼 수 있는 힘이 생기지 않을 것 같으므로 이젠 숲 이야기를 하겠습니다.

우리가 보고 있는 산지는 그 산을 구성하고 있는 암석에 따라 서로 다른 모습을 하게 됩니다. 이 정도는 무슨 뜻인지 아시겠죠? 우리나라는 대개 화강암이라는 암석으로 이루어져 있어 정도의 차이는 있지만 어딜 가나 산 모습이 비슷합니다. 특히 북한산이나 설악산은 서로 같은 얼굴을 하고 있답니다. 물론 금강산도 그렇지요. 모두들 산 정상에 험한 바위 봉우리들을 갖는 특징이 있습니다. 우리는 이런 산을 암산(岩山)이라고 부른답니다. 흔히 바위산이라고 하죠.

이와는 반대로 산 정상에서 바위 모습을 거의 찾아볼 수 없는 산도 있습니다. 이런 산을 흙산 또는 토산(土山)이라고 합니다. 북한산이나 도봉산, 수락산과 같은 산은 대표적인 암산이고 지리산은 대표적인 토산이라고 할 수 있습니다. 물론 제주도 한라산처럼 화산작용에 의해 만들어진 산들도 있지만 화산에 관해서는 3장에서 말씀드리기로 하겠습니다.

42. 수락산(경기도 의정부시). 비가 오면 물이 흘러 떨어진다는 뜻을 가진 해발 638m의 수락산(水落山)은 전형적인 암산(바위산)이다.

43. 설악산 공룡능선(강원도 속초시)

44. 울산바위(강원도 속초시)

그럼, 산 정상이 바위로 되어 있거나, 아니면 흙으로 덮여 있는 이유는 무엇일까요? 결론부터 말하면 이는 암석, 즉 산을 이루고 있는 **기반암(bedrock)**의 차이 때문이랍니다. 지리산[47]의 경우는 대개 편마암(片麻岩, gneiss)[48]으로 되어 있어 풍화를 받으면 점토 성분의 흙을 많이 만들지만 북한산이나 도봉산, 관악산 등의 산들은 화강암(花崗岩, granite)[45]으로 이루어져 있어 풍화를 받으면 흙이 많이 생성되지 못하고 암석층이 노출되는 결과를 낳는답니다. 화강암이 풍화를 받으면 석영(石英, quartz) 입자가 그대로 남아 모래가 만들어지게 되며 그 모래는 빗물에 쉽게 씻겨 내려가 결국엔 암석체가 모습을 드러내게 됩니다.

하지만 화강암이라 하더라도 고온습윤한 기후에서 아주 깊은 곳까지 풍화가 일어나 토양층의 두께가 깊어지는 경우가 있습니다. 이러한 현상을 심층풍화(深層風化, deep weathering)라고 합니다. 세계적으로

| 기반암 | 基盤岩, bedrock

어느 한 지역의 지반을 이루고 있는 암석. 예를 들어 서울시의 경우 화강암이 기반암을 이루고 있으며 강원도 영월군은 석회암이 기반암을 이루고 있다.

45. 화강암

46. 화강암의 신선한 단면. 단면에 나타난 검은색은 운모, 흰색은 장석, 불투명의 뿌연색은 석영이란 광물이다.

47. 지리산 토끼봉에서 노고단 방향의 능선들(경상남도 하동군). 지리산은 암석의 노출을 좀처럼 볼 수 없는 토산(흙산)의 모습을 띠고 있다.

48. 편마암

49. 편마암 새프롤라이트

심층풍화가 잘 발달된 지역에서는 수백 미터의 깊이까지 새프롤라이트가 분포하고 있는 경우도 있습니다. 사진 50은 강원도 강릉시의 화강암 심층풍화층을 찍은 것으로 두께 약 20m로 매우 잘 발달된 토층이 생성된 것을 볼 수 있습니다. 심층풍화는 열대기후의 고도가 낮은 평탄지에서 화강암이 풍화를 받을 경우 특히 잘 발달됩니다.

한편, 강원도 양구군 해안면에는 펀치볼이라는 멋진 침식지형이 있습니다. 마치 화산 정상의 화구호와 같은 모양인데, 화산지형도 아닌 곳에 이런 지형이 발달되어 있다는 것은 그저 신기할 따름이죠. 60쪽 Tips 03

지리여행을 돕는 사전 지식으로 대규모 **습곡**과 **단층**에 관한 말씀도 드려야 될 것 같습니다만 너무 많은 지구과학적 지식이 강조되면 자칫 지리여행의 묘미가 반감될까 싶어 생략하기로 하겠습니다. 지리여행은 결코 딱딱한 지구과학 얘기는 아니거든요. 하지만 지리여행을 제대로 하고자 한다면 어떤 지역의 지질 조건이 무엇이라는 정도는 알고 떠나야겠지요. 여행지로 떠나기 전에 반드시 목적지의 지질, 지형, 기후 조건 정도는 한번 파악하고 가면 더욱 좋을 것 같습니다.

지금까지 산에 가서 꼭 봐야 할 몇가지를 살펴 보았습니다. 생소한 용어와 개념들이 많아 다소 어려웠지요? 그러나 엘리뇨나 라니냐가 이젠 더 이상 어려운 학문 용어가 아니듯 지금까지 설명한 토어, 테일러스 같은 지형학 용어도 이젠 일상에서 쓰는 평범한 생활 용어가 되었으면 합니다. 여러분이 가족이나 친구와 함께 산사면에 쌓인 돌무더기를 보고 테일러스에 대해 말할 수 있다면 자연과 더불어 살아 숨 쉬고 있음을 느끼는 행복한 시간이 되지 않을까요?

| 습곡 | 褶曲, fold

암석과 지층이 횡압력에 의해 변형작용을 받아 구부러진 것. 보통 습곡은 성인과 관계없이 외형적 모양에 의해 정의되는데 일반적으로 습곡은 층구조를 갖는 암석에서 확실하게 나타난다. 습곡을 이루는 작용을 습곡작용(folding)이라고 부른다.

| 단층 | 斷層, fault

지각운동의 결과 지층이 어떤 면을 따라 서로 미끄러지며 어긋나는 현상. 이렇게 서로 어긋난 면을 단층면이라고 하는데 단층은 정단층(正斷層)과 역단층(逆斷層)으로 구분된다.

50. 심층풍화층이 노출된 모습(강원도 강릉시)

51. 습곡 지형(프랑스 남부)

52. 수락산 정상부에 발달한 절리(서울시 노원구)

[경상남도 밀양시 삼랑진읍 우곡리]

후왓! 돌바다!

- 만어사 너덜겅 -

▲ 만어사의 너덜겅의 전경

경상남도 밀양시 삼랑진읍에 천연기념물급의 암괴류, 엄청난 '돌천지'가 있다는 것을 안 것은 꽤 오래전이었습니다. 암괴류(巖塊流. block stream)란 고산지대에 나타나는 기계적 풍화작용의 결과물로 산사면 방향으로 흘러간 돌덩어리(암괴, 돌편)들이 무수히 널려 퍼진 지형을 말합니다.

하지만 이 암괴류가 정확히 어느 지점에 있는지는 잘 몰랐습니다. 만어사란 절 앞에 '너덜겅'이 있다는 정보만을 갖고 현장을 찾았죠. 다행히 읍내 한 과일가게에서 해발 고도 670m의 만어산 정상 아래에 만

어사가 있다는 것을 알았습니다. 시멘트 포장된 급경사길을 따라 해발고도 600m를 차로 올라간 후였습니다.

여태껏 많은 암괴류를 보아 왔지만 이렇게 큰 규모를 본 것은 처음이었습니다. 두 가지에 놀랐죠. 첫째는 규모, 둘째는 위치!

폭은 100m 정도 되고 산사면 방향으로 길이 500m는 족히 넘어 보이는 바위로만 이루어진 벌판이라니. 또한 산꼭대기의 돌바다가 만들어 놓은 탁 트인 전망이란…!! 저 멀리 아래로 밀양강이 보였습

니다. 사진을 정신없이 찍은 뒤 이내 집채만한 바위 덩어리들이 왜 이 산꼭대기에 놓였을까? 하고 고민하기 시작했습니다.

1. 우선 이 암괴류는 지금 만들어진 것이 아니라는 것입니다. 누구나 이 정도는 알 수 있겠지만 풍화를 받아 거무튀튀한 색에 모서리까지 둥글둥글하니 아마도 무척 오랜 시간이 걸렸을 것입니다.

2. 그러면 이게 화석지형(化石地形)이라는 것인데… 대체 언제 형성되었을까요? 아마도 이런 규모의 암괴류가 만들어지려면 기계적 풍화작용이 일어나기에 탁월한 기후조건이 필요했을 테니까 우선 빙기를 생각할 수 있겠네요. 적어도 신생대 제3기말부터인 300~400만 년 전 말이죠.

3. 이 지역의 기반암을 이루고 있는 화성암 계열의 화강암질 암류가 고온다습한 간빙기에 이르러 심층풍화작용을 활발히 받은 결과 새프롤라이트와 다량의 핵석을 만들었을테고…

4. 이후 한반도가 주빙하기와 후빙기로 접어들면서 많은 비를 내리는 기후환경으로 변해 새프롤라이트가 점차 골짜기 하부로 이동, 운반되었을 겁니다. 그 결과 만어사 앞에는 현재와 같은 대규모의 암괴류가 형성되게 된 것이죠. 학자들의 연구 결과에 따르면 이곳 만어사 너덜바위의 형성 시기는 대략 3만 년 전쯤인 것으로 밝혀져 있습니다.

이것이 만어사 너덜바위가 만들어진, 즉 만어사 암괴류의 형성과정입니다.

이 너덜겅의 바위들은 4개 중 하나는 두드리면 맑은 종소리가 난다고 해서 종석(鐘石)이라고도 합니다. 또한 신라의 김수로왕 때 용왕의 아들을 따라온 1만 마리의 물고기들이 변해서 이 너덜겅이 생기게 되었다고 전해오며 절 이름도 만어사라고 지어졌다고 합니다.

여러분 경상남도 밀양시에 가거든 이 만어사의 너덜을 꼭 보기 바랍니다. 사진 찍는 동안 내내 '와~!', '아~!' 하며 감탄을 연발한 것은 이곳이 처음이랍니다. 스위스 알프스를 찍을 때도 이런 정도의 감흥까진 아니었거든요. '장관'이란 바로 이런 곳을 두고 하는 말이 아닐까요?

[충청북도 보은군 내북면 이원리]

돌들이 줄줄 흘러 내리네!

- 전판암 암괴류 -

▲ 점판암 암괴류

우리나라 곳곳의 산사면에서는 돌편이 비탈 아래로 흘러 퍼져 있는 장면을 쉽게 볼 수 있습니다. 이는 기반암이 기계적 풍화작용을 받아 잘게 부서진 후 중력에 의해 흘러내린 것으로서 우리는 이를 테일러스 또는 애추라고 합니다. 암석의 종류와 테일러스 형성 후 경과한 시간에 따라 그 날카로움의 정도가 달라지는데 우리나라에서 볼 수 있는 테일러스들은 대개 고기후 조건에서 형성된 것으로 알려져 있습니다.

위 사진은 변성암의 일종인 점판암이 풍화되어 형성된 암괴류를 찍은 것입니다. 옛날 온돌방을 지을 때 구들장으로 사용했던 돌 있죠? 아주 넓적하고 단단한 까만색 돌 말이죠. 그게 바로 점판암이랍니다. 셰일이 변성작용을 받으면 점판암이 되는데 우리나라 일부 지역에선 아주 얇게 쪼개진 점판암을 포개어 돌지붕 집을 짓기도 합니다. 한때 점판암은 건축물 내벽 장식으로 많이 이용되기도 했습니다. 점판암은 1mm 이하의 얇은 두께로도 잘라낼 수가 있습니다.

이 점판암 돌무더기 위를 걷다보면 발이 쭉쭉 미끄러질 뿐만 아니라 아주 날카롭고 거칠어 위험합니다. 전 항상 이러한 암괴류를 보면 옛날 대학시절 은사님께 들은 말씀이 생각납니다. 은사님께서 암괴류를 조사하고 계셨는데 저쪽에서 뱀이 다가오고 있었답니다. 그래서 뱀을 쫓으려고 돌을 주워 들었는데… 주워 든 그 돌 밑에 또 다른 뱀이 똬리를 틀고 있어 기겁을 하셨다는 이야기. 저 역시 이와 비슷한 경험이 있습니다. 아무튼 이 암괴류에서는 뱀을 조심하셔야 합니다. 돌더미 아래는 뱀이 숨기 딱 좋은 장소죠. 특히 비가 갠 다음날 아침을 조심해야 합니다.

▲ 점판암을 지붕재료로 사용한 모습

이곳 충청북도 보은군 내북면은 점판암 산지로 아주 유명했던 곳입니다. 이 지역에선 이 점판암 채석장을 '돌깡'이라 부르고 있습니다. 간혹 '탄광'이라고도 불리고 있지만 이곳은 석탄 산지가 아니라 점판암을 채굴했던 채석장입니다. 지금은 이 점판암 채석장이 주변 환경을 오염시킨다고 하여 폐장되어 있죠. 채석 과정에서 중금속 성분이 유출되어 상수원을 오염시킨다는 이유 때문입니다.

[강원도 양구군 해안면]

화산 분화구 같다구요?

- 해안분지 -

▲ 을지전망대에서 바라본 양구군 해안분지

강원도 양구군에서는 무조건 해안분지를 구경해 보셔야 합니다. 화산 분화구 모양을 하고 있는 이 멋진 곳을 놓칠 수 없기 때문이죠. 어떻게 보면 운석이 충돌한 흔적 같아 보이기도 하고… 하지만 아니랍니다. 학자들의 연구 결과 이 움푹 패인 지형은 암석의 침식 정도의 차이, 즉 차별침식 결과로 형성된 침식 지형이라는 사실이 밝혀졌습니다.

현재 사람들이 살고 있는 가운데 지역(해발 400~500m)의 기반암은 침식에 약한 중생대 화강암인 반면, 이를 둘러싼 산지(해발 1,000~1,100m)는 침식에 강한 편마암류의 변성암으로 구성됩니다. 침식에 약한 화강암이 먼저 깎여 평탄지가 되었고 반대로 강한 암석은 그대로 남아 높은 산지가 되었죠. 그야말로 오랜 세월이 만든 자연의 걸작품입니다. 바로 이 해안분지는 암석의 침식 저항력 차이가 서로 다른 지형을 만든다는 것을 보여주는 아주 좋은 예인 셈입니다.

해안분지라는 말은 해안(亥安, 옛날에 이곳에 뱀이 많

아 돼지를 키워 없앴다고 합니다.)면의 이름을 본딴 것으로 일명 펀치볼(punch bowl, 화채 그릇이란 뜻입니다.)이라고도 합니다. 펀치볼이라는 이름은 6.25 전쟁 때 UN군 병사들이 붙인 별칭입니다. 이 지역은 1951년 8월 29일부터 10월 30일까지 한국군과 미군이 북한군과 맞서 싸우다 산화한 곳으로 유명합니다.

해안면에는 이외에도 볼거리가 많습니다. 을지전망대와 제4땅굴도 있죠. 한번 가족들과 같이 가 보시기 바랍니다. 왼쪽의 사진은 을지전망대에서 내려다본 해안분지입니다.

▲ 펀치볼 내부에 발달된 화강암 풍화층

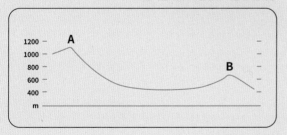

▲ 해안분지 단면도

▲ 해안분지 지형도

단양 고수동굴의 유석(流石)

Chapter 02

석회암
지리여행

울진 성류굴이나 삼척 환선굴에 가보신 적이 있나요?

동굴 안에는 종유석이 마치 파이프오르간처럼 주렁

주렁 매달려 있고 바닥에는 한 방울씩 떨어지는 물로

석순이 자라는 신비한 모습이 펼쳐져 있습니다.

지하세계의 신이 만든 예술작품 같은 석회동굴은

석회암 지형의 대표작이랍니다.

석회암 지형의 신비

제1장 '풍화 지리여행'에서 말씀드린 것처럼 화강암이나 편마암 산지의 경우엔 기계적 풍화작용이 지형을 바꾸는 중요한 원인이 되고 있습니다. 하지만 석회암의 경우는 화학적 풍화작용이 지형을 바꾸는 결정적 역할을 하고 있습니다. 석회암의 화학적 풍화작용은 주로 물과 반응해 일어납니다.

물이 지형을 바꾼다고 해서 거세게 흐르는 강물만 생각하지는 마시기 바랍니다. 물론 비가 세차게 내릴 경우엔 산사태가 일어나 없었던 계곡이 하루아침에 생기는 경우도 있습니다만 여기서 말하려는 것은 땅 속의 물, 즉 지하수로 인한 용식작용에 관한 것입니다. 충청북도 제천시나 단양군, 또는 강원도 영월군, 삼척시, 경상북도 울진군과 같은 지역은 바로 용식작용이 활발히 일어나고 있는 곳입니다. 왜냐하면 이 지역에는 모두 크고 작은 석회동굴이 많이 분포하고 있기 때문입니다.

석회암 지대(카르스트(Karst)지대라고도 합니다.)에 가 보면 누구나 '아! 이곳은 석회암 지대로구나!' 하는 사실을 금방 알 수 있습니다. 왜냐하면 석회암은 주로 짙은 회색을 띠며 산봉우리는 손가락을 오그려 모아 붙였을 때처럼 볼록한 삼각형 모양을 띠고 있기 때문입니다. 이러한 지형을 '호그백(hog bag)'이라고 부릅니다. 물론 테라로사도 석

▲ 석회암 지대인 구이린(중국 광시성)

▲ 석회암 풍화토인 붉은색의 테라로사 토양(강원도 영월군)

▲ 석회암 지현인 돌리네에서 현장수업을 하는 '레츠고 지리여행' 학생들

회암 지형임을 말해주는 대표적인 지표입니다.

세계적으로 볼 때 석회암 지형은 수억 년 전의 해저지형이 융기해 형성되었다는 공통된 형성 원인이 있습니다. 석회암 산지 지역에 하천이 흐를 경우 하천변에는 대개 급경사 절벽이 만들어지게 됩니다. 왜냐하면 지반의 융기운동과 더불어 일어난 하천의 하각작용이 이 절벽사면을 만들었기 때문입니다. 대표적인 예가 바로 동강이죠. 강원도 정선군과 영월군을 흐르는 동강변에는 수십 미터의 회색빛 수직 절벽을 볼 수 있습니다. 석회암은 퇴적암이라는 특성상 화석을 포함하고 있기도 합니다.

이 책에서 '석회암 지형의 신비'라는 별도의 제목으로 설명하는 이유는 우리나라는 국토 면적에 비해 석회암 지대가 넓게 분포되어 있어 석회암에 대한 이해 없이는 우리나라의 경치를 제대로 감상할 수 없기 때문입니다. 자~ 그럼 이제부터 석회암 지리여행을 떠나볼까요?

석회암 지대는 대개 빼어난 경관을 자랑하고 있습니다. 세계적으로 잘 알려진 석회암 지형으로는 TV 광고에도 자주 등장하는 중국의 계림이나 베트남의 하롱베이 같은 곳을 들 수 있죠. 물론 이탈리아, 프랑스, 그리스, 오스트리아, 스위스 등 남부 알프스의 지중해를 중심으로 한 유명 관광지에서도 대석회암 지형을 볼 수 있습니다. 우리나라의 석회암 지대도 관광지로 유명한 곳들이 많이 있습니다. 청풍명월의 고장 충청북도 제천시, 충청북도 단양군의 도담삼봉과 고수동굴, 강원도 영월군의 고씨동굴, 강원도 정선군의 동강, 그리고 강원도 삼척시의 환선굴과 오십천, 경상북도 울진군 성류굴 등은 모두 석회암 지리여행지로서 손색없는 빼어난 경관을 자랑하고 있습니다.

석회암 지형이란?

석회암은 물 속에서 석회질 성분이 쌓여 굳어진 암석입니다. 석회암 지형을 다른 말로는 유고슬라비아 아드리아해 북부 카르스트 지방의 이름을 본떠 카르스트(Karst)지형이라고도 합니다. 그 지역에 아주 많은 석회암이 분포되어 있거든요.

석회암은 오랜 기간 얕은 바다 속에서 침전된 탄산칼슘($CaCO_3$)이라는 석회질 성분이 50% 이상 포함된 퇴적암을 말합니다. 지구 전체 표면적의 15% 정도가 석회암으로 이루어져 있는데 우리나라엔 충청북도(단양군, 제천시)와 강원도(영월군, 삼척시, 동해시)에 걸쳐 분포되어 있습니다. 시멘트는 석회암에다 점토를 섞어 만드는데 충청북도 단양군과 강원도 삼척시에 대규모 공장들이 들어서 있답니다.

석회암 지형에는 재미난 볼거리가 아주 많이 있습니다. 대표적인 것이 우리가 잘 아는 석회동굴이죠. 석회암의 가장 큰 특징은 물에 잘 녹는다는 점인데(이를 용식이라고 합니다.) 대표적인 예가 성류굴, 환선굴 등 석회동굴입니다. 하지만 석회암 조각을 컵 속에 담근다고 금방 녹지는 않습니다.

석회암은 지하수와 아주 오랜 시간 동안 접촉했을 경우 물 속에 포함된 탄산가스와 반응해 녹게 되는 것이죠. 몇 년 만에 녹느냐고요? 전 그런 질문을 받을 때가 제일 곤혹스럽답니다. 글쎄요…. 우리나라 석회암 지대가 지금으로부터 약 4억 5,000만 년 전후의 고생대에 형성된 것이라고 하면 답이 될까요? 석회동굴만 하더라도 형성되는데 10만 년 이상의 세월이 걸리거든요. 하나씩 알고 보는 맛… 이게 바로 지리여행의 묘미가 아닐까요?

◀ 석회암 용식지형의 모식도

01 돌이 녹은 흙이 빨갛다?

1. 시멘트 공장의 모습(충청북도 단양군)

| **석회암** | 石灰岩, limestone
탄산칼슘($CaCO_3$)을 50% 이상 함유한 회색빛 퇴적암. 시멘트의 원료로 사용되는 석회암은 양질의 석회암일수록 짙은 회색을 띤다. 우리나라의 경우 충청북도와 강원도 일부 지방에 분포한다. 석회암은 해저퇴적물이 융기한 지역에서 잘 발견된다.

| **용해** | 溶解, solution
자연계에서 녹지 않는 암석은 없다. 용해란 화학적 풍화작용의 일종으로 빗물이나 지하수가 암석을 녹이는 작용을 말한다. 탄산칼슘으로 구성되어 있는 석회암의 경우엔 물 속의 이산화탄소가 칼슘이온과 반응해 탄산칼슘을 만들면서 아주 서서히 녹게 된다. 석고의 경우 1cm 녹는 데 57.5년이 필요하지만 석회암의 경우엔 2020년이나 걸린다고 알려져 있다.

| **해침** | 海侵, transgression
해퇴(海退)에 대응하는 말로 지각변동에 의한 육지의 침강 또는 기후변화 등에 의해 해면 상승이 일어나 바다가 육지에 진입되어 일어나는 현상. 지질시대 이후 해침과 해퇴 현상은 현재도 진행되고 있다. 해침이 일어나면 퇴적작용에 의해 지층이 생성되고 해퇴가 일어나면 침식이 일어난다.

충청북도 단양군 매포읍이나 강원도 삼척시, 영월군에 가면 컨베이어 벨트가 설치된 거대한 시멘트 공장들을 볼 수 있습니다[1]. 바로 이 시멘트 공장에서 석회암을 가공해 시멘트를 만들고 있죠. **석회암(石灰岩, limestone)**은 시멘트 색깔과 같은 회색을 띠고 있습니다. 아니 석회암 색깔이 회색이니 시멘트 색깔도 회색이라고 하는 말이 더 옳은 표현이겠네요. 풍화를 받지 않은 신선한 석회암은 아주 단단해 망치로 두드려도 쉽게 깨지지 않는 특성을 지니고 있습니다.

하지만 이런 석회암은 신기하게도 물과 반응하면 잘 녹는 성질을 갖고 있습니다. 물론 석회암을 물 속으로 집어넣는다고 해서 금방 녹는 것은 아니지만 수천, 수만 년이란 아주 오랜 시간 동안 절리 틈을 통해 지하로 스며든 빗물에 의해 **용해(溶解, solution)** 작용이 일어나 석회동굴이 형성되는 것입니다.

우리나라의 강원도 영월군과 삼척시, 정선군, 평창군, 동해시 및 충청북도 단양군, 제천시 등지에 이러한 석회암 용식지형이 많이 나타나는 이유는 이 지역이 과거 고생대(5억 7,000만~2억 4,500만 년 전)에 형성된 해저지형이기 때문입니다. 조선누층군(朝鮮累層群)이라고 불리는 이 석회암층은 지금으로부터 약 4억 년 전에 일어난 **해침(海侵, transgression)** 결과 형성된 것입니다. 생물이 바다에 살았던 고생대 초기를 지나 중기부터 만들어진 석회암에는 생물의 육상 진출로 인해 많은 화석이 포함되어 있습니다.

석회암이 오랜 세월에 걸쳐 용식작용을 받게 되면 사진 2와 같은 붉

2. 절개사면에 노출된 석회암과 테라로사(강원도 삼척시)

은 흙이 만들어집니다. 강원도 영월군이나 삼척시, 충청북도 단양군, 제천시에 가면 산이나 밭 곳곳에서 사진과 같은 붉은 색 흙을 쉽게 볼 수 있죠. 이것이 바로 우리가 예전 지리 시간에 배웠던 **테라로사** (terra rossa)[2]라는 석회암 풍화토랍니다. 테라로사가 붉게 보이는 이유 는 석회암이 용식된 후 철(Fe)이나 알루미늄(Al) 성분이 산화작용으로 붉게 변했기 때문입니다.

이와 관련해 아주 오래전 얘기를 한번 드려 볼까요? 대학에 들어가 처음 맞는 여름방학이었죠. 하루는 은사님이 강원도 삼척시 답사를 같이 가자고 하시더군요. 웬 부름인가 하는 황송한 마음에 어렵게 장 만한 하얀 테니스화를 뽐내며 따라 나섰습니다. 30년 전만 해도 테 니스화는 아주 비싼 신발이었죠. 왜냐하면 테니스가 지금의 골프 정 도만큼이나 사치스런 운동으로 생각되던 때였기 때문입니다. 먼지 가 풀풀 날리는 강원도 산길을 시골 버스를 타고 덜덜거리며 도착하 니 날씨는 궂은 비! 별 도리가 없어 새하얀 테니스화를 신고 답사를 시작했는데… 결국 10일 정도의 답사를 끝낸 후엔 그 신발을 버려야

| 테라로사 | terra rossa
붉은 색을 의미하는 이탈리아어에서 유래된 석회암 풍화토. 테라로사는 지표 부근의 석회 암이 용해된 후 그곳에 남아있는 비용해성 점 토질의 산화토양이다.

⭐ 석회암과 대리석은 같은 암석일까?

유럽 여행을 하다 보면 곳곳에서 번지르르 윤기나는 대리석으로 만들어진 건축물을 쉽게 볼 수 있습니다. 특히 그리스, 이탈리아의 지중해 연안 지방에서는 양질의 대리석으로 지은 유명 건축물들을 많이 볼 수 있죠. 그럼 대리석과 석회암은 어떻게 다른 암석일까요?

흔히 대리석과 석회암을 같은 말로 잘못 알고 있는 경우가 있습니다만 이는 분명 서로 다른 암석이랍니다. 대리석을 입상결정질(粒狀結晶質) 석회암이라고도 부르기 때문에 대리석과 석회암을 같은 암석으로 혼동할 수도 있겠지만 대리석(大理石, marble)은 석회암이 열과 압력 변성작용을 받아 만들어진 변성암이며, 석회암은 엄연한 퇴적암이라는 것을 기억해 주시기 바랍니다.

중국 운남성 대리부(雲南省 大理府)라는 곳에서 많이 산출된다고 하여 이름 붙여진 대리석은 강도(强度, hardness)가 낮아 손쉽게 연마, 가공할 수 있습니다.

그래서 유럽의 건축물들은 그렇게도 정교하게 지을 수 있었던 것이죠.

석회암이 회색을 띠는 반면 대리석은 흰색, 연황색, 연분홍색을 띠고 있다는 것도 알아두면 좋겠네요.

▲ 석회암(위)과 대리석(아래)

⭐ 석회암 광산에 가 보세요

충청북도 단양군이나 강원도 영월군, 강원도 삼척시에 가면 아주 큰 규모의 시멘트 공장을 볼 수 있습니다. 물론 이러한 시멘트 공장은 모두 석회석 광산을 갖고 있죠. 석탄 공장에서 무연탄을 캐기 위해 갱도를 뚫고 지하로 파내려간다면 시멘트 공장에선 이와 반대로 노천광의 형태로 석회석을 채굴하고 있습니다.

실제로 노천광에 가 보면 그 규모에 입이 벌어질 정도랍니다. 석회암 광산의 경우 산봉우리 한두 개쯤 없어지는 것은 아주 흔한 일이죠.

우리나라의 석회암은 그 품질이 좋아 외국에도 많이 수출되고 있습니다. 그러나 외화 벌이도 좋지만 이젠 우리나라도 외국의 값싼 시멘트를 사들여 우리의 환경을 지켜야 할 것입니다. 시멘트 산업은 환경 분쟁이 끊이지 않았던 산업입니다.

사실 과거 시멘트 공장 인근 동네에선 횟가루로 인해 빨래는 고사하고 농사를 지을 수도 없었습니다. 석회암 채굴의 대가로 돈을 벌 수 있지만 한번 파괴된 우리 자연은 돌이키기 어렵다는 사실을 알아야 할 것 같습니다.

▲ 석회암 노천광산(충청북도 단양군)

했습니다. 왜냐구요? 하얀 신발이 시뻘겋게 물들어 버렸기 때문입니다. 아무리 빨아도 붉은 색이 지워지지 않았죠. 제가 이렇게 길게 말씀드리는 이유는 바로 테라로사의 붉은 색을 강조하기 위함입니다.

테라로사와 관련된 이야기 하나! 1991년 3월 강원도 동해시는 때 아닌 식수난을 겪어야 했습니다. 왜냐하면 동해시민들이 상수원으로

⭐ 붉은 흙은 모두 테라로사?

테라로사를 설명드리고 나니 야외에서 붉게 보이는 흙을 모두 테라로사라고 말할 것 같아 한 줄 첨부합니다. 오른쪽 아래에 있는 붉은 흙 사진은 전라남도 영암군의 한 공사장에서 찍은 것으로 테라로사가 아니라 황토(黃土)라는 말로 친근한 적색토(赤色土, red soil)라는 것입니다. 적색토는 원래 아열대 습윤기후의 상록활엽수림대에 나타나는 성대토양(成帶土壤, zonal soil; 기후나 식생의 영향을 강하게 받아 만들어진 토양)으로서 습윤온난기에 토양의 유기물 분해가 급격히 진행되어 부식물질의 함량이 적고 산화철 함량이 높은 산화토양을 말합니다. 그래서 이처럼 붉게 보이는 것이죠. 적색토는 과거 우리나라에 습윤기후대가 존재했었다는 것을 암시하고 있으며 과거의 기후조건 하에서 형성된 토양이라는 의미에서 고토양(古土壤, paleosol)이라는 말로도 불리고 있습니다. 남한의 경우 해발고도 150m 이내의 경사가 완만한 구릉지에 잘 나타나고 있으며, 일본의 서남부에도 이 적색토가 넓게 분포되어 있습니다. 이제부터는 붉은 흙이라고 해서 모두 테라로사라고 말하시면 안되겠네요. 그렇죠?

▲ 적색토(전라남도 영암군)

▲ 테라로사

▲ 적색토

3. 테라로사의 유출(1991년, 강원도 동해시)

사용하고 있던 주수천이 상류의 한 시멘트 공장 채석장으로부터 흘러나온 테라로사로 시뻘겋게 오염됐었기 때문입니다.[3] 뭐 그리 큰 비가 내린 것도 아니었지만 다량의 테라로사 유출로 인해 결국 그 회사는 동해시민들에게 수십 억이란 엄청난 돈을 배상해야 했습니다. 아무튼 여러분이 석회암 지대에 가시거든 먼저 붉은 흙부터 눈여겨 보기 바랍니다.

그런데 사실 테라로사는 밭농사에 그리 나쁘지만은 않은 것 같습니다. 실제로 강원도 삼척시나 영월군, 충청북도 제천시, 단양군에서는 이 붉은 토양에서 잘 자라고 있는 옥수수나 고추, 마늘을 쉽게 볼 수 있습니다. 바로 이런 작물들은 석회암 지역의 대표적 농산물로 지역 주민의 소득에 크게 기여하고 있습니다.[4]

4. 동강 석회암 지대의 경작지 모습(강원도 영월군)

02 들판에 가득한 양 떼들과 구멍 뚫린 땅

일본 남부지방의 히로시마시(市) 서쪽에는 아키요시다이(秋吉臺)라고 하는 일본 최대의 석회암 지대가 있습니다. 이곳은 광활하게 탁 트인 들판이 바다의 수평선과 같은 시원한 느낌을 주는 곳이죠. 그 들판을 바라보고 있노라면 저 멀리 곳곳에 회색빛 양들이 무리를 지어 몰려있는 듯한 느낌이 듭니다.[5]

하지만 이를 보자마자 '와! 양들이네~'라고 말하지는 마세요. 자세

5. 아키요시다이의 석회암 지대(일본 야마구치현)

| 나출카르스트 | 裸出 카르스트,
Nackte Karst (독), bare karst (영)
석회암 지대에서 테라로사 위로 얼굴을 내밀
고 노출되어 있는 석회암괴 경관. 나출카르
스트지형에서는 마치 회색빛의 양 떼들이 모
여있는 것과 같은 경관을 이루고 있다. 이처
럼 지표면에 우뚝 솟은 석회암체를 **라피에**
(lapie) 또는 카렌(karren)이라고 한다.

| 피복카르스트 | 被覆 카르스트,
Bedeckte Karst (독), covered karst (영)
나출카르스트지형과는 달리 테라로사나 충적
퇴적물이 두껍게 덮여 있어 라피에가 노출되
어 있지 않은 카르스트 경관. 우리나라의 석회
암 지형은 피복카르스트지형에 해당된다.

히 들여다보면 이는 양의 무리가 아니라 테라로사 위로 드러나 있는
석회암체들이 양 떼처럼 보일 뿐이랍니다. 석회암체를 **라피에**(lapie,
佛)[6] 또는 **카렌**(Karren, 獨)이라고 하며 우리는 이러한 지형을 **나출**(裸
出)**카르스트**(Nackte Karst, 獨)지형이라고 합니다. 이와 반대로 라피에
가 보이지 않고 테라로사만으로 덮여있는 지형을 **피복**(被覆)**카르스트**
(Bedeckte Karst, 獨)지형이라고 하죠. 피복카르스트지형은 석회암 용
식이 활발히 일어나는 열대기후 지역에서 쉽게 볼 수 있습니다. 한편
나출카르스트지형은 빗물로 인해 테라로사의 침식이 활발히 일어나
는 급경사 사면에 잘 나타나고 있습니다.

얼마 전 충청북도 제천시의 한 도로변 공사장에서 높이 약 10m, 길
이 약 50m의 큰 석회암괴를 보고 깜짝 놀란 적이 있었습니다. 차를
급히 멈추고 사정을 물어보니 '이곳은 예전에 작은 동산이었는데 땅
주인이 물탱크 차를 빌려와 물총으로 흙을 걷어내는 바람에 이런 석
회암체가 드러났다'는 것이었습니다. 그 흔한 휴게소(현재 '금월봉'이라
는 휴게소가 들어서 있습니다.)를 만들기 위해서라는데⋯ 아무튼 큰 석회
암체가 장관이었습니다.[7] 이처럼 석회암체가 지표면 위로 모습을 드

6. 라피에(강원도 삼척시)

7. 테라로사가 인위적으로 제거되어 드러난 석회암괴(충청북도 제천시)

러내고 있는 지형을 우리는 나출카르스트지형이라고 부른답니다. 우리나라의 경우는 대개 피복카르스트지형이 석회암 지형의 주류를 이루고 있습니다. 어렵지 않으시죠? 피복카르스트와 나출카르스트! 석회암 지형에 가신다면 큰 목소리로 힘주어 이렇게 꼭 말씀해 보시기 바랍니다.

한편, 석회암 지형에는 모양이 아주 아름다운 지형들이 잘 발달되어 있습니다. 돌리네, 우발라, 폴리에… 여러분들도 학교 다닐 때 많이 들어본 말들이죠? 혹시 그냥 달달 외운 단어들이라 지겹다는 기억을 갖고 계신다면 이젠 안심하세요. 제가 사진을 보여드리며 그 기억을 바꿔드리겠습니다. 위의 용어들은 실제로 석회암 지대에서 쉽게 볼 수 있는 지형들로서 일상생활 속의 단어들인데도 불구하고 현장감 없는 단순 암기로 기억되고 있는 것은 너무 가슴 아픈 일입니다.

충청북도 단양군과 제천시, 강원도의 평창군, 영월군, 삼척시에 가면(자주 반복해 들으시니 이젠 외우실 수 있죠?) 사진 9처럼 산이나 밭 한가운데가 동그랗게 푹 꺼진 곳을 여기저기서 볼 수 있습니다. 꼭 그 생

8. 석회암체(프랑스 남부)

9. 밭 한가운데가 녹아 만들어진 용식돌리네(강원도 삼척시)

10. 용식돌리네(강원도 삼척시)

김새가 옴폭하게 들어간 둥근 접시 모양을 하고 있는 게 아주 재미있
죠. 이것이 바로 **돌리네**(doline)라고 하는 지형입니다.

돌리네란 슬라브 남부 지역 사람들 말로서 계곡이나 구멍을 의미하
는 말입니다. 흡입구나 싱크홀이라는 말로도 사용되는 돌리네는 카
르스트지형에 형성된 와지(窪地)를 말합니다. 이 돌리네는 석회암이
녹거나 아니면 테라로사층 하부가 침하될 때 형성되는데 전자의 경
우를 **용식돌리네**(溶蝕돌리네, solution doline)[9]라고 하며, 후자의 경우를
함몰돌리네(陷沒돌리네, collapse doline)라고 부릅니다. 돌리네의 규모
는 그 지름이 작게는 수 미터부터 1,000m까지, 그리고 깊이는 1m에
서 100m까지의 다양한 크기를 갖고 있습니다.

강원도 삼척시 노곡면 여삼리와 충청북도 단양군 가곡면 여천리에는
아주 잘 발달된 돌리네군(群)이 있습니다. 큰 것은 직경이 수십 미터
나 되어 웅장한 모양을 하고 있죠. 이지역에는 동그란 돌리네가 있는
가 하면 좀 찌그러진 모양의 돌리네까지 다양한 종류가 분포되어 있
습니다. 돌리네는 빗물이 잘 빠지는 배수구를 갖고 있습니다. 이런
물이 빠지는 배수구를 **포노르**(ponor)[12]라고 합니다. 포노르란 말은

11. 복합돌리네(충청북도 단양군). 돌리네 두개가 붙어 만들어진 것을 복합돌리네라고 한다.

세르비아어(語)로서 깊은 연못을 말하는데 이는 하천이 지하로 소실되어 없어지는 장소라는 의미를 지닙니다.

한편, 기존의 석회동굴이 무너져 깔때기 모양으로 깊게 패인 웅덩이를 특별히 **싱크홀**(sinkhole)이라고 부릅니다. 실제로 우리나라 석회암 지역에는 싱크홀이 많이 분포되어 있답니다. 카르스트 대지에 국지적으로 싱크홀이 밀집, 분포하면 **싱크홀 평야**(sinkhole plain)라는 지형이 만들어집니다. 이같은 지역엔 대개 하천류가 발달하지 않고 내린 비는 모두 지하로 스며들어가 지하수계를 발달시키게 되죠. 여러 개의 돌리네가 합쳐 생긴 길쭉한 타원형의 용식분지를 **우발라**(uvala),[13] 그리고 이러한 돌리네와 우발라가 아주 잘 발달되어 대평원을 만들 때 우리는 이를 **폴리에**(polje)[14]라고 부른답니다.

| 싱크홀 | sinkhole

기존의 석회동굴의 붕괴나 지하의 석회암 용식에 의해 깊게 패인 깔때기 모양의 웅덩이.

| 우발라 | uvala

석회암 용식에 의해 석회암 지역에 발달하는 대규모 와지지형. 지름이 수 킬로미터에 달하며 깊이와 폭의 비율은 1:10이다. 우발라는 그 안에 마을이 몇 개 들어설 정도의 규모를 갖는다. 우발라보다도 더 큰 석회암 지대의 용식분지를 **폴리에**(polje)라고 한다. 폴리에는 석회암 지대에 발달된 지질구조선의 영향을 받아 형성된 분지로 그 길이가 10km로부터 40km에 달하는 경우도 있으나 우리나라의 경우 폴리에의 발달은 극히 미약하다.

12. 포노르(충청북도 단양군)

13. 우발라(충청북도 제천시)

14. 폴리에(충청북도 단양군). 폴리에는 규모가 너무 커서 한장의 사진에 담기 어렵다.

03 석회암 지대의 지하수 네트워크

석회암 지대에서는 앞서 설명했듯이 지표수가 땅 속으로 잘 스며듭니다. 땅 속으로 스며든 많은 물은 지하수의 흐름망을 만들게 되죠. 그래서 흔히 석회암 지역을 흐르는 하천들은 이 지하수 네트워크의 영향을 받아 강물이 줄었다 불었다 하는 현상이 나타납니다. 심지어 강물이 흘렀다 안 흘렀다 하기도 하는데 이러한 하천을 **싱킹크리크** (sinking creek)라 부릅니다.

실제로 남한강 상류인 동강에서는 싱킹크리크가 나타나는 구간을 쉽게 관찰할 수 있답니다. 강을 주의깊게 바라보며 하류를 향해 걷다보면 어느 지점에서 강물이 갑자기 줄어들었다가 그 아래로 조금 더 내려가면 강물이 다시 불어나 있는 것을 볼 수 있죠. 바로 이런 하천을 싱킹크리크라고 하는 것입니다. 동강의 작은 지류들은 건천인 경우

| 싱킹크리크 | sinking creek

석회암 동굴로 흘러 들어가는 하천을 의미. 카르스트 지대에는 지하수 네트워크가 활발히 발달되어 있어 하천과 호소 등 지표수가 지하로 쉽게 유입된다. 침입수로(侵入水路)라고도 불리는 싱킹크리크는 카르스트지형의 동굴 네트워크 발달 정도와 깊은 관계를 지닌다.

15. 낙수구로 강물이 빠져드는 모습(강원도 삼척시)

가 많습니다. 물론 건천이 꼭 석회암 지역에만 생기는 현상은 아니지만 지하로 물이 쉽게 빠져나가는 지질 특성으로 인해 그만큼 건천이 생길 확률도 높아집니다.

강원도 삼척시 근덕면에는 '낙수구(落水口)'[15]라고 불리는 곳이 있습니다. 글자 그대로 '물이 떨어지는 구멍'이라는 뜻을 갖고 있는 곳이죠. 상류로부터 흘러 내려오던 강물이 이 낙수구를 통해 지하로 빠져나가 큰 비가 내릴 경우를 제외하곤 이 낙수구 하류로는 강물이 전혀 흐르지 않는답니다. 바로 이곳이 싱킹크리크가 시작되는 지점에 해당하는 셈이죠. 이 낙수구는 천연기념물로 지정, 관리해야 할 만큼 지형학적 보존 가치가 큰 곳이랍니다. 84쪽 Tips 01

여러분들도 한번쯤은 동굴로 들어가 보신 경험이 있어 잘 알고 계시겠지만 환선굴,[16] 성류굴, 고씨동굴, 고수동굴,[18, 19] 천동굴 등과 같은 석회동굴은 자연의 경이로움을 느낄 수 있는 곳입니다. 우리나라의 동굴은 수억 년의 나이를 갖고 있다고 알려져 있습니다만 대개 동굴이 형성된 시기는 연대 측정 결과 수만 년에서 30만 년 전쯤으로 추정하고 있습니다. 하지만 우리나라에 석회암 지대가 형성된 것이

16. 환선굴 입구(강원도 삼척시)

17. 절리로 스며든 빗물에 의해 형성된 석회암 용식작용의 예(강원도 동해시)

18. 고수동굴의 2차 생성물들(충청북도 단양군)

19. 고수동굴의 유석(충청북도 단양군)

| **종유석** | 鐘乳石, stalactite

석회동굴 내부의 천장에 매달린 고드름 모양의 탄산칼슘 집적체. 종유석의 단면을 보면 물이 흘러나오는 직경 1mm 전후의 빨대 모양의 구멍이 뚫려있다. 석회동굴 천장에 발달되어 있는 큰 절리면을 따라 흘러들어온 탄산칼슘을 함유한 지하수가 동굴 천장이나 벽면에 굳어지게 되면 다양한 모양의 탄산칼슘 집적체를 이룬다. 이러한 집적지형을 통틀어 **제2차 생성물,** 또는 **스펠레오뎀(speleothem)** 이라고 한다. 종유석을 비롯해 동굴 바닥에서 위로 성장하는 **석순(石筍, stalagmite),** 그리고 종유석과 석순이 서로 붙어 만들어진 **석주(石柱, column)** 등은 동굴내 대표적 미지형이다.

4억 년 전쯤이니 이쯤되면 동굴 자체가 바로 살아 있는 훌륭한 화석인 셈이죠. 왜 살아있는 화석이냐고요? 석회동굴은 석회암 용식작용으로 생겨난 것이고 용식작용은 바로 지하수로 인해 생긴 현상이니 지금도 지하수가 동굴로 흐른다는 것은 석회동굴이 살아있다는 증거겠네요.

석회동굴로 들어가면 진황토색의 아주 멋진 **종유석(鐘乳石)**과 석순, 석주들을 볼 수 있습니다. 종유석은 한마디로 석회석 고드름이라고 생각하시면 됩니다. 석회동굴에 들어가서 고개를 위로 들어 동굴천장을 바라보세요. 동굴의 통로 방향으로 아주 잘 발달된 절리를 발견하실 수 있을 겁니다. 아마도 동굴 천장이 금방이라도 무너질 것 같은 느낌을 받으실텐데요… 종유석이란 지표면에서 땅 속으로 침투한 빗물이 이 절리를 따라 동굴로 들어가 석회암을 녹이며 생긴 석회석 고드름을 말합니다. 종유석이 잘려나간 단면을 살펴보면 빨대처럼 가운데에 구멍이 뚫려 있는데 바로 이 구멍을 따라 물이 아래로 흘러내려간 후 물 속에 포함되어 있던 탄산칼슘이 쌓이며 서서히 종유석이 자라는 것입니다.

한편, 종유석에서 동굴 바닥으로 떨어진 물은 죽순처럼 위로 툭 튀어나온 **석순(石筍)**을 만들고 한참의 세월이 지나 종유석과 석순이 서로 연결되면 석주(石柱)라고 불리는 기둥이 만들어집니다. 이러한 석회동굴 자체를 화학적 풍화작용의 결과 형성된 1차 생성물이라고 하며, 동굴에서 볼 수 있는 종유석, 석순과 같은 미지형들을 2차 생성물이라고 합니다.

석회동굴 안으로 들어가면 한 여름에도 한기를 느끼게 됩니다. 일년

내내 일정하게 유지되고 있는 동굴 내부온도는 동굴 생태계를 유지시키는 가장 중요한 요인입니다. 이렇듯 살아있는 귀중한 자연 유산인 석회동굴들이 요즘 생명을 잃고 죽어가고 있어 안타깝기 그지 없습니다. 예컨대 우리나라 최초 개방동굴인 경상북도 울진군의 성류굴로 들어가 보면 언제부턴지 종유석과 석순, 석주가 까맣게 변해 가고 있습니다.[21] 동굴조명 등과 관람객으로부터 발생되는 열(heat)로 동굴 내부의 온도가 올라가 동굴이 점차 건조해지고 있기 때문이죠. 관람객이 뿜어내는 이산화탄소도 동굴 생태계를 파괴시키는 주된 원인이 되고 있습니다. 환선굴, 고씨동굴, 고수동굴과 같은 우리나라의 모든 개방동굴 역시 그 건강한 자연의 생명력을 잃어가고 있습니다.

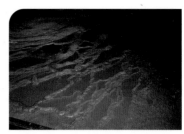
20. 환선굴의 석회화 단구(강원도 삼척시)

자… 여러분 어떠셨나요? 앞장에서 보셨던 풍화여행과는 또 다른 멋진 지리여행이었죠? 충청북도와 강원도 소백산맥, 태백산맥 기슭에 있는 석회암 지대가 우리에게 주는 의미는 너무나 크다는 생각에 여러분과 함께 석회암 지리여행을 해 보았습니다. 이젠 석회암 지형을 보시고 그 멋진 경치를 맘껏 음미해 보시기 바랍니다. 충청북도 단양군에서는 사진 22, 23과 같은 아름다운 석회암 지형을 구경하실 수 있습니다.

21. 오염된 성류굴 내부 모습(경상북도 울진군)

22. 도담삼봉(충청북도 단양군)

23. 석문(충청북도 단양군)

[강원도 삼척시 노곡면 하월산리]

싱킹크리크의 시점

- 물 먹는 낙수구 -

▲ 낙수구로 계곡물이 빠져드는 모습

강원도 삼척시 노곡면 하월산리에는 '낙수구(落水口)'라는 곳이 있습니다. 제가 이곳에서 처음 느낀 점은…

1. 지형은 진짜로 살아있다!!
2. 지형은 역시 물에 의해 변한다!
3. 이 구멍을 따라 한번 속으로 들어가 보고 싶다!

는 것이었습니다. 말로만 듣고 과연 어떻게 생긴 곳일까 무척 궁금했었죠. 그런데 실제로 가 보니 갑자

기 '밑빠진 독에 물 붓기'라는 속담이 생각났습니다. 물 빠지는 구멍은 아주 컸습니다. 지금은 발을 헛디뎌 빠질 정도의 구멍은 아니지만 쏴~! 하는 물소리를 내며 스며드는 모습이 감탄사를 자아내기에 충분했습니다. 돌로 메우기 전에는 발이 쏙 빠질 정도의 큰 구멍이 있었다고 합니다.

이 낙수구 위쪽으로는 두 갈래의 하천 수류(水流)가 7km 길이로 발달되어 있지만 웬만큼 비가 내려도 이 낙수구가 강물을 다 받아먹어 강 하류(사진의

왼쪽 방향)로 흘러내리는 모습은 거의 볼 수 없다고 합니다. 그만큼 많은 양의 물을 받아들일 수 있는 물길이 땅 속에 있다는 뜻이지요. 실제로 낙수구 상류 쪽으로 올라가 보니 폭이 20m 이상이나 되는 제법 큰 하천이 발달되어 있었습니다.

그런데 왜 이런 낙수구가 생긴 것일까요? 대답은 간단합니다. 이 지역이 '석회암으로 이루어진 지역'이기 때문입니다. 즉 석회암의 용식작용으로 생긴 지하 동굴 네트워크 현상 때문이죠.

예전에 낙수구 윗동네에서 하천 개수공사를 했답니다. 포크레인으로 하천을 파니 당연히 흙탕물이 생겨 낙수구로 빠져 들어갔겠죠. 그런데 그 흙탕물이 이곳에서 북북동으로 3~4km 떨어진 '초당굴'이라는 동굴에서 새어 나오더라는 것입니다. '낙수구에 쌀겨를 넣으면 초당굴에서 쌀겨가 나온다'고 하는, 이 동네에서 예전부터 전해오던 말이 입증된 셈이죠. 이 낙수구는 석회암 지대의 지하 동굴 네트워크를 말해주는 살아있는 화석이라고 할 수 있습니다.

이 때문에 강원도 삼척시 노곡면 하월산리의 사람들은 바닷가에 위치한 삼척시 근덕면 교가, 맹방, 덕산리 사람들을 먹여 살린다는 자부심을 갖고 있다고 합니다. 왜냐하면 오십천으로 흘러갈 마을 물이 낙수구를 통해 십리나 떨어진 초당굴로 흘러가 마을 저수지를 만들어 주고 있으니 그런 말이 나올 법도 하네요. 그렇죠?

TIPS
02

강과 맞닿은 동굴 입구

- 경상북도 울진군 성류굴 -

▲ 왕피천에서 바라본 성류굴 입구의 모습

위의 사진은 우리나라 최초의 개방동굴인 성류굴 앞을 흐르고 있는 왕피천 건너편에서 성류굴 입구를 바라보고 찍은 것입니다. 아주 멋지죠? 자… 그럼 지금부터 천연기념물 제155호인 성류굴 지리여행을 떠나보기로 하겠습니다.

성류굴은 우선 지형적으로 아주 재미있는 곳에 위치하고 있습니다. 네? 그게 뭐냐고요? 바로 약 30km 길이의 왕피천과 매화천이라는 두 하천의 합류점 바로 아래에 동굴이 위치하고 있다는 것입니

다. 성류굴 내부의 지하수면은 왕피천 수면과 맞닿아 있는데 일반적으로 석회동굴이 지하수 용식작용에 의해 형성됨을 생각해 볼 때 이 성류굴이 얼마나 용식작용을 잘 받을 수 있었을까 쉽게 상상할 수 있습니다. 하천 옆에 위치한 석회동굴로는 성류굴 외에도 강원도 영월군의 고씨굴, 백룡동굴과 충청북도 단양군의 고수동굴 등을 들 수 있습니다.

생성시기를 약 2억 5,000만 년으로 추정하고 있는 성류굴은 총 길이 472m, 최대 높이와 수심이 각

각 40m와 30m로 굴 내부에 12개의 크고 작은 광장과 5개의 연못을 가지고 있습니다. 지금은 많이 파괴되고 훼손되었지만 약 50만 개의 종유석과 석순, 석주가 있어 일명 '지하금강'으로도 불리고 있죠. 굴 내부는 사계절 내내 15℃로 거의 일정한 온도를 유지하고 있습니다.

내부 통로가 일직선 모양인 성류굴은 굴 내부의 아기자기함이 다른 동굴과는 비교할 수 없을 정도로 아름답습니다. 지금은 동굴 개방시설과 관광객들이 뿜는 호흡, 체온, 조명등의 열 등으로 오염되거나 크게 훼손되고 있지만 이곳에는 크기가 큰 종유석과 석주가 잘 발달되어 있습니다.

그런데 이 동굴을 왜 성류굴이라 부르게 되었을까요? 성류굴은 원래 '신선이 노닐만큼 주변 경관이 아름다운 곳'이라 해서 '선유굴'로 불리다가 임진왜란 때 지금의 이름이 생겼다고 합니다. 임진왜란이 일어나자 동굴 앞 사찰에 있던 불상을 이 굴 속으로 피난시켰고 그래서 '성불이 유한 굴'이라고 하여 '성류굴'이라 부르게 되었답니다. 또 임진왜란 때 인근 주민들이 왜적을 피해 이 성류굴로 피난하자 이를 알아차린 왜병들이 동굴 입구를 막고 모두 굶겨 죽였다는 안타까운 역사가 전해지기도 하는 곳입니다.

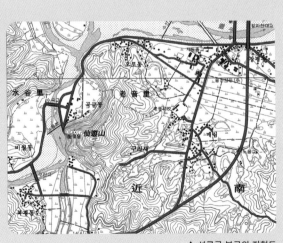

▲ 성류굴 부근의 지형도

TIPS
03

밭 가운데 구멍이?

- 포노르 -

▲ 옥수수밭이 꺼져 만들어진 포노르(화살표)

온 사방을 둘러보아도 온통 붉은 흙 천지였습니다. 이 흙을 비올 때 밟게 된다면… 아! 그건 진짜 뭘 밟은 느낌이 들겁니다.

오늘 여러분과 함께 여행할 곳은 강원도 평창군 미탄면에 있는 '고마루'라는 곳입니다. 이곳에서는 온통 붉은 흙을 볼 수 있는데~ 이 흙이 바로 석회암이 풍화를 받아 만들어진 '테라로사(terra rossa)'라고 불리는 흙이랍니다. 석회암이 오랜 세월 동안 물에 녹아 탄산칼슘 성분이 제거되면서 철과 알루미늄 등의 금속 성분이 산화되면서 사진과 같은 아주 붉은 색 토양으로 바뀌게 됩니다.

경사가 급한 곳에서는 이 석회암 풍화토인 테라로사가 빗물에 씻겨 하천으로 흘러들지만 평탄한 곳에서는 그 자리에서 두꺼운 토양층으로 남아 있게 됩니다. 그런 곳은 대개 옥수수, 고추, 마늘밭으로 이용하고 있는데 밭 한가운데서는 종종 오른쪽 사진에서 보이는 것과 같이 깔때기 모양의 옴폭하게 패인 지형을 자주 볼 수 있답니다. 이같이 빗물이 빠지는 배수구를 포노르(ponor)라고 합니다.

이날 밭 주인께서 들려주신 말씀입니다. 옥수수밭을 갈고 있던 어느날 갑자기 발이 쭉 빨려 들어가더랍니다. 그러더니 왼쪽의 사진처럼 움푹 패었다고 흥분하며 말씀하시더군요. 왼쪽 사진의 포노르는 직경이 2m, 깊이 1m 정도의 크기였습니다.

이 '고마루' 지역은 바로 동강변 절벽 위에 있습니다. 이곳에 가려면 1단과 2단 기어를 번갈아 사용해야 될 정도의 급사면입니다. 물론 겨우 올라가서는 마치 분화구로 내려가듯이 급경사면을 따라 다시 내려가야 하는데 이곳에선 돌리네, 우발라, 폴리에 같은 석회암 용식지형을 잘 관찰할 수 있습니다. 여러분도 한번 가 보시기 바랍니다. 아마 '우리나라에 이런 데도 있구나…' 감탄하실 겁니다.

▲ 돌리네 안의 포노르, 고추밭이던 곳에 구멍이 뚫렸다(충청북도 단양군).

아주 뾰족한 탑 같은데?

- 탑카르스트 -

우리나라에도 이렇게 멋진 곳이 있었군요. 마치 TV 광고에서 보았던 중국 계림의 카르스트지형 같죠? 용식이 활발히 일어나는 석회암 지대에서는 화강암과 편마암 지대의 지형과는 다른 경관을 보이는 경우가 많습니다. 이곳은 길이 6.2km의 환선굴이 위치한 곳입니다.

환선굴은 대이리(大耳里)에 있다고 해서 대이동굴이라고도 부릅니다. '大耳'란 옴폭한 급경사 지형이 귀처럼 생겼다고 해서 붙여진 이름이 아닐까요? 환선굴 입장료를 내고 조금 걸어 들어가면 바로 눈앞에 사진과 같은 장관이 펼쳐집니다. 진입로 정면에 보이는 삼각형 모양의 봉우리가 바로 탑카르스트(tower karst)라는 석회암 잔구지형입니다. 아주 오랜 세월 동안 지표수와 지하수가 석회암을 녹인 후 비교적 저항력이 강한 부분이 원추형의 구릉지로 남게 되면 사진과 같은 원추카르스트(cone karst)가 형성됩니다. 원추카르스트는 그 잔구의 높이에 따라 탑카르스트와 원정카르스트(kuppen karst)로 나뉘는데 고도가 높은 것을 탑카르스트, 낮은 것을 원정카르스트라고 합니다.

우리나라에서 탑카르스트지형을 볼 수 있는 곳은 그리 많지 않은데, 바로 이곳에서 볼 수 있었습니다. 이 탑카르스트 뒷부분을 보면 아주 깊숙이 움푹하게

패인 곳이 있죠?(사진의 화살표) 이런 부분이 바로 석회암 용식 결과에 의한 것입니다. 이 지역을 자세히 살펴본 결과 용식이 진행되면서 석회암 함몰 현상이 수반됐을 가능성이 큽니다.

오른쪽의 사진을 찍은 환선굴 초입지점에서부터 환선굴까지 가려면 꽤 땀을 흘려야 합니다. 환선굴은 다른 동굴들과는 달리 덕항산(1,070m) 중턱에 자리잡고 있기 때문입니다. 그래도 한번 가봐야겠죠? 이른바 동양 최대의 동굴이라고 불리는 만큼 다양한 동굴 지형을 감상할 수 있을 겁니다.

▲ 환선굴 입구의 탑카르스트 위용(A 표시 부분)

2010년 이탈리아 시칠이아섬의 에트나(Etna) 화산이 폭발하는 장면

Chapter 03

화산
지리여행

칠흑같이 검은 밤에 산허리를 타고 꿈틀꿈틀

흘러내리는 시뻘건 용암, 온 천지를 뒤흔들 듯

진동하며 꾸왕! 하고 터져 오르는 분연...

화산은 어떤 경우라도 '지구가 살아있음'을

느끼게 해줍니다.

경이로운 화산 지리여행을 떠나볼까요?

화산의
비밀

사실 우리나라는 미국이나 일본, 필리핀, 이탈리아, 터키 등과 같이 화산 활동이 진행 중인 나라는 아닙니다. 백두산을 비롯해 한라산이나 울릉도 성인봉 같은 화산들은 수백 년 전에 이미 화산 활동이 멈춘 사화산(死火山)으로 분류되죠. 하지만 금세기 최대의 화산 활동으로 알려지고 있는 필리핀의 피나투보(Pinatubo) 화산이 1991년 6월, 600여 년만에 분화 활동을 재개한 예에서 알 수 있듯이 최근에는 사화산이란 개념이 점차 사라지고 있습니다. 현재도 화산 활동을 계속하는 활화산(活火山)을 제외한 모든 화산을 휴화산(休火山), 즉 활동을 쉬고 있는 화산으로 분류하는 것이 옳다는 생각이 학자들 사이에서 커지고 있기 때문입니다. 일본의 후지산이 다시 폭발할지 모른다는 말도 들려오고 있습니다. 그러니 지금은 곤히 잠자고 있는 우리의 화산들도 언제 기지개를 켤지 아무도 모르는 일입니다.

화산지형은 그 어떤 산지 지형보다 멋진 볼거리를 제공합니다. 우리나라만 하더라도 백두산과 한라산의 천지와 백록담, 그리고 수많은 기생화산과 바닷가 분화구들은 한반도 내에선 좀처럼 볼 수 없는 신기한 모양을 하고 있습니다. 그래서인지 제주도와 울릉도 등 화산섬을 비롯해 강원도 철원군과 경기도 연천군, 전곡, 전라북도 변산반도 일부와 전라북도 내장산, 광주시, 전라남도 목포시, 경상북도 포항

▲ 운젠화산(일본 구마모토현)

▲ 산굼부리(제주도 제주시)

▲ 제주도 서귀포시 천제연 폭포의 주상절리

시 부근의 화산지대는 모두 훌륭한 관광 휴양지로 사랑을 받고 있습니다.

이런 화산의 신비를 제대로 느끼려면 화성암에 대한 약간의 기본 지식이 필요합니다. 화성암(火成岩, igneous rock)이란 글자 그대로 '불이 만든 돌'로 '마그마나 용암이 굳어져 생긴 암석'모두를 일컫는 말입니다. 마그마(magma)란 땅 속 깊은 곳에 녹아 있는 돌을 말하며 이 마그마가 땅 위로 솟아나온 것이 바로 용암(溶岩, lava)입니다. 이 용암이나 마그마가 굳어서 생긴 지형을 화산지형이라고 하는 것입니다.

화산지형을 올바로 이해하기 위해서는 약간의 지구과학적 지식을 필요로 합니다. 조금은 따분하고 지루하더라도 전문 지식 없이는 화산 경관을 제대로 감상할 수 없는 만큼 지금부터 소개해 드릴 내용을 잘 이해해 주시기 바랍니다. 아는 만큼 보인다… 두말하면 잔소리겠죠?

활화산과 사화산, 그리고 휴화산

활화산(active volcano)이란 글자 그대로 현재 활동하고 있는 화산을 말합니다. 활화산의 증거로는 빈번한 화산 지진, 그리고 화구 속의 마그마와 끊임없는 분연 등을 들 수 있습니다. 반면 사화산(extinct volcano, inactive volcano)이란 문헌상에 분화 기록이 없으며 이후에도 분화할 가능성이 없는 화산을 말합니다. 한편 현재 활동하고 있진 않지만 과거 문헌에 분화 기록이 있는 화산, 그리고 분출물의 성질로 볼 때 장래에 분화가 예상되는 화산을 휴화산(dormant volcano)이라고 합니다. 하지만 문헌 기록의 유무는 역사 발달에 따라 서로 상이하기 때문에 엄밀한 의미에서 사화산과 휴화산을 구별하기는 쉽지 않습니다. 우리나라의 백두산과 제주도 한라산, 울릉도는 사화산으로 분류되고 있습니다만 이들 화산에서 언제 갑자기 분화활동이 시작될지는 아무도 모른다고 해야 옳을 것입니다.

불이 만든 돌 화성암

화성암은 지표면에서 만들어졌느냐, 아니면 지하 깊은 곳에서 만들어졌느냐에 따라 크게 화산암(火山岩, 분출암이라고도 합니다.)과 심성암(深成岩)으로 분류됩니다. 제주도 현무암(玄武岩)과 같은 암석은 화산암의 일종이며, 우리나라에 제일 많이 분포되어 있는 화강암(花崗岩, granite)과 같은 암석은 심성암에 속합니다.

화산암의 경우는 지표면에서 급격히 식었기 때문에 광물 결정(結晶)이 형성될 시간적 여유가 없어서 광물 발달이 미약하지만 심성암은 땅 속 깊은 곳에서 마그마가 서서히 굳어지며 만들어진 암석이기 때문에 광물 결정이 아주 잘 발달하게 됩니다. 현무암이 무결정의 암석인 반면 화강암은 울퉁불퉁 잘 발달된 결정을 갖고 있는 이유가 바로 그 때문입니다.

▲ 활화산의 대표격인 세인트헬레나(St. Helena)화산(미국 워싱턴주)

▲ 기포가 빠져 나간 화산암. 스코리아라고 부른다(제주도).

01 '볼케이노'와 '단테스피크'의 차이

공교롭게도 1997년대 말에 화산을 소재로 한 두 편의 영화가 동시에 개봉된 일이 있습니다. 이름하여 '볼케이노(Volcano)'와 '단테스피크 (Dante's Peak)'.[1] 이 두 영화는 모두 화산재해에 맞서 온갖 곤경에 처했다가 마침내 이겨내는 인간 승리를 줄거리로 하고 있지만 두 영화에서 비쳐지는 화산의 모습은 판이하게 다르답니다.

볼케이노가 도시를 향해 줄줄 흘러드는 시뻘건 용암류를 바다로 돌리려는 영화였다면, 단테스피크는 원자폭탄의 600만 배에 달하는 가공할 폭발력을 지닌 화산이 마을을 덮친다는 줄거리를 갖고 있습니다. 이 영화를 흥미롭게 보신 분들이 많으실 것 같은데요. 그럼 여기서 여러분께 돌발퀴즈를 하나 드리겠습니다. 이 두 영화에 등장하는 화산 분화 활동은 서로 어떻게 다를까요?

1. 영화 볼케이노(왼쪽)와 단테스피크(오른쪽) 포스터

좀 싱거운 질문이었나요? 이미 다 아실 것으로 생각됩니다만 볼케이노가 용암을 소재로 했다면 단테스피크는 화쇄류를 소재로 한 영화랍니다. 즉 단테스피크에서는 볼케이노에서 봤던 시뻘건 용암을 거의 볼 수 없으며, 볼케이노에서는 단테스피크에서와 같이 하늘에서 쏟아져 내리는 화산재와 화산력 같은 화산쇄설물을 좀처럼 볼 수 없는 영화였습니다. 그럼 이 두 영화의 화산분출 패턴이 이렇게 다르게 나타나는 이유는 무엇일까요?

힌트! 101쪽의 화산암 성분분석에 관한 표를 잘 살펴보면 알 수 있을 것입니다. 성분의 차이로 인해 화산분출의 패턴이 달라진다는 점에서 답을 찾아보세요.

2. 통구미 해안의 용암절벽(울릉도)

⭐ 화쇄류

화쇄류(火碎流, pyroclastic flow)란 화산이 폭발할 때 화산재와 화산탄, 화산력과 화산가스의 혼합물이 산사면을 따라 고속으로 흘러내리는 현상을 말합니다. 이 경우 대개는 고온의 화산가스로 인해 열운(熱雲, nuee ardente)이 발생합니다. 열풍이라고도 불리는 열운은 수백 도를 넘는 고온의 화쇄류로서 용암 분출보다 더 큰 대규모의 화산재해를 일으키는 아주 무서운 존재랍니다. 가장 유명한 열운은 1902년 5월 카리브해에 위치한 미국령 몽펠레산(Mt. Pelee, 1,397m)이 폭발했을 때 발생한 열운으로 초속 100m 이상의 빠른 속도로 산사면 하부에 위치한 생피에르시를 덮쳐 2만9,000명의 목숨을 앗아가기도 했습니다.

이탈리아 중부에 위치한 베수비오 화산의 폭발(AD 79년)로 2만여 명의 주민이 몰살된 이른바 '폼페이 최후의 날'도 용암이 아니라 맹렬한 속도로 덮쳐오는 고온의 열운 때문에 일어난 사건으로 생각됩니다. 먼 옛날까지 거슬러 올라가지 않아도 1985년 콜롬비아의 네바도 델 루이스 화산이 폭발하면서 인근의 아르메로시를 덮쳐 2만2,000명의 희생자를 내기도 했습니다. 아래의 사진은 1991년 6월 3일에 발생한 일본 운젠화산의 화쇄류 흔적을 찍은 것입니다.

▲ 1902년 몽펠레산의 열운

▲ 운젠화산의 화쇄류 흔적(일본 구마모토현) - 일본 지형학연합 <地形>에서 인용

02 화산분출 양식은 석영이 좌지우지?

화산 활동은 보통 용암 분출로 대표됩니다. 화산이 분출될 때 나오는 용암이 어떤 성분인가에 따라 화산의 분출 양식이 달라지게 되죠. 즉 용암의 구성 성분이 어떤 것인가에 따라 '볼케이노'가 되기도 하고 '단테스피크'가 되기도 합니다. 결론부터 말하면 제주도에서 흔히 볼 수 있는 검은 색깔의 현무암(玄武岩, basalt)[3]은 영화 '볼케이노'를 만들고 색깔이 연한 유문암(流紋岩, rhyolite)[4]은 영화 '단테스피크'를 만듭니다.

3. 현무암

이 차이를 올바로 이해하려면 광물(鑛物, mineral)에 대한 기본 지식이 필요합니다. 화산암은 대개 석영, 장석, 운모, 휘석, 감람석, 각섬석 등의 광물로 구성되어 있습니다. 그런데 이러한 광물들 중 **석영(石英, quartz)**이 용암 속에 얼마만큼 들어 있는가에 따라 '볼케이노'처럼 용암이 콸콸 분출되는 화산이 되기도 하고 '단테스피크'처럼 '펑!' 하고 터지는 화산이 되기도 하는 겁니다. 물론 이는 현무암과 유문암의 조성 성분과도 깊은 관련이 있습니다.

4. 유문암

| 석영 | 石英, quartz
석영(SiO_2)은 화성암을 구성하는 광물 중 장석(60%) 다음으로 많이 포함(12%)되어 있는 조암광물(造岩鑛物, rock forming mineral)이다. 인류 초창기부터 관심을 받아온 광물로서 물처럼 깨끗한 석영은 고대 그리스인들에게 크리스탈로스(크리스탈)로 알려져 있었다. 자수정, 장미석영 같은 많은 변종은 보석으로 취급되고 있으며 석영이 주성분인 사암(砂岩, sand stone)은 주요 건축 석재로 이용되고 있다.

좀 더 자세히 설명해 볼까요? 용암을 구성하고 있는 광물 중 석영의 함량이 50% 미만일 경우엔 하와이나 제주도의 경우처럼 용암이 줄줄 흘러내리는 분화 형태를 띠게 됩니다. 이 경우엔 검은색의 현무암이 만들어지게 되죠. 암석의 색이 검은 이유는 석영과 장석(長石, feldspar)의 함유량이 적은 대신 철과 마그네슘 등 검은 계열의 광물 성분이 많이 포함되어 있기 때문입니다. 이처럼 석영의 함량이 적은 용암의 경우엔 '단테스피크'에서와 같은 폭발식 분화가 아니라 **일출식 분화(溢出式 噴火, effusive eruption)**가 일어납니다. 물론 폭발식 분화

에서와 같은 화쇄류는 거의 발생되지 않습니다. ^{표 1}

에서와 같은 화쇄류는 거의 발생되지 않습니다. [표 1]

| 일출식 분화 |

溢出式 噴火, effusive eruption

용암의 규산(SiO₂) 함유량이 적은 고온의 현무암질 용암은 점성이 약하고 유동성이 강해 화산분출시 용암류가 아주 먼 곳까지 흘러가게 되는데 이러한 화산분출 방식을 일출식 분화라고 한다.

| 폭발식 분화 |

爆發式 噴火, explosive eruption

일출식 분화와는 달리 규산(SiO₂) 함량이 많은 산성 용암의 경우에는 점성이 강하고 유동성이 약한 용암의 특성을 반영해 강렬한 폭발형식을 띠게 되는데 이를 폭발식 분화라고 한다.

반면 석영의 함량이 65% 이상일 때에는 마그마의 유동성이 작으므로 땅 속 내부의 압력이 높아져 **폭발식 분화**(爆發式 噴火, explosive eruption)를 하게 됩니다. 이 경우에는 시뻘건 용암이 콸콸 쏟아져 흐르는 일은 거의 없습니다. 석영 성분이 많은 관계로 암석 색깔도 옅은 색을 띠게 되죠. 유문암이 그 대표적 암석에 해당합니다.

학자들은 편의상 '단테스피크'와 같은 화산분출의 용암을 산성 용암, '볼케이노'와 같은 경우의 용암을 염기성 용암이라고 부르고 있습니다. 산성과 염기성? 그러면 염기성 용암에 리트머스 종이를 갖다대면 색깔이 푸른색으로 변한다? 물론 그렇지는 않습니다. 산성과 염기성이란 페하(pH, 수용액의 수소이온 농도 지수)와 관련 없는 석영의 함유량에 따른 편의상의 암석 분류일 따름입니다.

다시 한번 정리하면 용암에는 산성과 염기성 용암이 있는데 산성은 터지고 염기성은 흐른다… 산성은 밝은 계열의 화산암을, 염기성은 검은색의 화산암을 만드는데 각각 유문암과 현무암이 대표적인 암석이다… 이 정도만 알고 있어도 여러분은 이미 해박한 화산 지식을 갖고 계신 셈입니다.

표1. 화성암의 육안적 분류

암석 색깔	흰색	연회색		짙은회색		검은색
SiO₂의 함량(%)	> 65	65~60	60 ±	55 ±	52~45	40 ±
광물 성분	석영, 정장석, 운모, 각섬석	장석, 석영, 운모, 각섬석	정장석, 흑운모, 백운모, 각섬석	사장석, 각섬석, 흑운모	사장석, 휘석, 감람석	감람석, 휘석, 자철석
심성암	화강암	화강섬록암	섬장암	섬록암	반려암	감람석, 듀나이트
반심성암	화강반암, 석영반암	화강섬록반암	섬장반암, 반암	섬록반암, 반암	반려반암, 조립현무암	
화산암	윤무암, 석영조면암	석영안산암	조면암	안산암	현무암	

자⋯ 그럼 한 가지만 더 말씀드릴까요? 앞에서 화산분출은 크게 일출식과 폭발식으로 나뉜다고 말씀 드렸습니다만 이를 더 세분화한 분류명이 있습니다. 아마 여러분도 한 번쯤은 들어보셨던 아이슬랜드(Icelandic)식, 하와이(Hawaiian)식, 스트롬볼리(Strombolian)식, 볼칸(Vulcanian)식, 베수비오(Vesuvian)식, 펠레(Pelean)식 분화라고 하는 화산분화 유형이 바로 그것입니다. 여기서 그에 관한 자세한 설명은 생략하겠습니다만 아이슬랜드식일수록 용암이 줄줄 흐르는 일출식 분출이, 펠레식일수록 폭발식 분출이 일어난다는 정도만 알아두시기 바랍니다.

참고로 스트롬볼리나 볼칸은 이탈리아 시칠리아섬 북쪽에 위치한 작은 화산섬으로 이 지역의 화산 활동이 얼마나 다양하게 일어나고 있는가를 말해주고 있습니다. 이들은 **판구조론**적으로 볼 때 아프리카판과 유럽판, 그리고 아시아판의 접경지대에 위치하고 있어 아주 분화의 위험도가 높은 화산들입니다. 그리고 보니 2001년도에 대규모 분화를 일으킨 에트나(Etna) 화산도 이곳 시칠리아에 위치하고 있네요.[8]

자⋯ 그럼 이 정도의 화산 지식을 바탕으로 이젠 야외로 나가 화산지리여행을 본격적으로 떠나볼까요?

| 판구조론 | 板構造論, plate tectonics
지구 지각(대륙지각과 대양저지각)이 6개의 큰 판과 여러 개의 작은 판으로 이루어져 있다는 학설. 6개의 큰 판이란 유라시아판, 인도판, 아프리카판, 태평양판, 아메리카판, 남극판을 말하며, 수개의 작은 판이란 큰 판 사이에 있는 필리핀판, 카리브판 등 작은 판들을 말한다. 판과 판이 부딪치는 곳에서는 열과 운동 에너지가 발생되어 화산과 지진이 일어난다. 판구조론은 독일의 지질학자인 베게너(A. L. Wegener)의 대륙이동설과 영국 지질학자인 홈스(A. Holmes)의 맨틀대류설에 근본을 두고 있다.

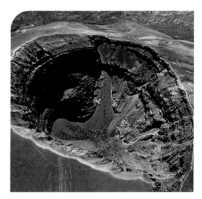
5. 베수비오 화산 화구(이탈리아)

6. 지중해에서 본 베수비오 화산(이탈리아)

7. 베수비오 화산 화구(이탈리아)

8. 에트나 화산. 아래 사진은 에트나 화산의 굳어진 용암류 모습(이탈리아 시칠리아)

⭐ 파호이호이용암(pahoehoe lava)이란?

현무암질 용암이 강한 유동성을 갖고 멀리까지 이동할 경우 그 용암류의 끝부분이 새끼줄을 꼰 것과 같은 모양(로피용암, ropy lava)을 띠게 되는데 이러한 점성이 작은 용암류를 파호이호이용암이라고 합니다. 수평 넓이에 비해 그 두께는 얇으며 시속 30km/ h 이상의 속도를 지닙니다.

제주도의 경우 파호이호이용암은 경사가 완만한 동, 서부 해발 300m 이하 지역에 주로 나타납니다. 파호이호이란 말은 하와이의 토속어로 용암류를 의미합니다.

⭐ 아아용암(Aa lava)이란?

점성이 큰 현무암질 용암으로 흐르는 속도는 파호이호이용암보다 느리나 두께는 수 미터 또는 수십 미터로 더 두껍습니다. 두께가 두꺼운 관계로 용암 표면은 식었으나 속은 아직도 고온의 용암류가 흘러 빠지는 구조를 이룹니다. 아아용암의 표면은 점성이 큰 탓에 표면이 아주 거친 특징을 갖고 있습니다. 제주도의 경우 지형경사가 급한 남, 북사면에서 주로 관찰됩니다.

▲ 파호이호이용암(제주도)

▲ 아아용암(제주도)

⭐ 신비의 화산 섬 제주도로 가 보자!

살짜기 옵서예~ 그야말로 살짝 가서 크게 느껴보고 싶은 땅, 삼다도입니다. 머나먼 남쪽 나라! 육로로는 절대 갈 수 없는 곳! 그곳을 가볼 수 있다는 것은 둘도 없는 행복이겠지요. 우리나라에서 가장 큰 섬답게 제주도 제주시에서 남쪽끝 제주도 서귀포시나 동쪽끝의 성산 일출봉으로 가기 위해서는 한 시간은 족히 달려야 합니다. 제주도는 흔히 잘생긴 고구마 같다고들 하는데 이 고구

마는 남북으로 좀 뒤틀려 있습니다. 제주도 남쪽 해안은 융기를 받아 북쪽 해안보다 좀 위로 솟아오른 비대칭 모양을 하고 있습니다. 제주도 서귀포시를 중심으로 한 지역에 정방, 천지연, 천제연 폭포 등이 발달된 이유가 바로 여기에 있습니다.

지금의 제주도는 약 100만 년 전부터 최근 1만 년 전까지의 신생대 3기말에 들어 모두 5번에 걸친 화산 활동

끝에 만들어진 것입니다. 제1기는 바다 속에서 분화가 일어난 제주도 초기의 화산 활동을 말하는데 그 위로 바다 속 흙이 쌓여 화산암을 덮었죠. 제2기에는 제주도 전체에 평탄한 용암평원이 형성되었던 시기로서 일출봉이나 산방산과 같은 기생화산이 생긴 시기이기도 합니다. 제3기는 한라산의 중심 분화로 인해 완사면의 한라산체가 형성된 시기였습니다. 이때 바로 한라산체의 모습이 드러나기 시작했죠. 제4기에 들어서는 한라산 정상에 종상화산체가 형성되었고 해안까지 현무암 용암이 흘러내렸습니다. 마지막 제5기엔 대규모 한라산 폭발로 인해 정상의 종상화산체가 없어지면서 360여 개의 오름(사면경사 20~30°의 기생화산)이 형성되었습니다. 제주도 곳곳에서는 새까만 현무암을 볼 수 있습니다만 원래 제주도의 기반암은 화강암이었습니다. 제주도는 특별히 어디가 좋다고 꼬집어 말하기 어려울 정도로 어딜 가도 멋진 경관을 볼 수 있는 곳입니다.

▲ 한라산 백록담

▲ 섭지코지의 분화구 선돌바위

▲ 윗세오름에서 바라본 한라산

⓪③ 화산체를 먼저 보자

화산은 앞서 말한 대로 용암의 석영 함량에 따라 다양한 모양새를 띠게 됩니다. 석영의 함유량이 높은 산성 용암의 경우는 점성이 커져 용암이 멀리까지 퍼져 나가지 못해 그 자리에 쌓이게 되는데 이런 형태의 화산을 **종상화산**(鐘狀火山, tholoide)이라고 합니다. 이는 종을 엎어 놓은 모양을 하고 있다는 의미입니다. 제주도는 대부분의 지역이 점성이 약한 현무암으로 이루어져 있지만 점성이 높은 조면암이나 안산암질 용암이 분출된 곳도 있습니다. 제주도의 산방산과 울릉도 비파산은 바로 산성 용암이 분출되어 생긴 화산입니다. [9, 10]

반면, 점성이 낮은 염기성 용암의 경우엔 용암이 물처럼 흐르게 되어 멀리까지 퍼져나가게 됩니다. 하와이의 화산 폭발은 바로 이 전형적인 예입니다. [11] 용암은 멀리까지 퍼져나가 바다로 떨어지기도 하는데 사진 11은 2005년 3월 21일 하와이 킬라우에아(Kilauea) 화산에서부터 흘러내려온 용암이 태평양으로 떨어지는 모습입니다.

| 종상화산 | 鐘狀火山, tholoide
점성이 강한 용암이 서서히 분출한 결과 생긴 종 모양의 화산체. 정상에는 분화구가 없어 화구호와 같이 물이 고이는 일이 없다. 일반적으로 종상화산은 경사가 급해 절벽면을 이루는 경우가 많다. 우리나라의 경우 제주도의 산방산(山房山)이 이에 해당된다.

9. 종상화산인 산방산(제주도 서귀포시)

10. 비파산(경상북도 울릉군)

11. 하와이의 화산국립공원에서 흘러내리는 용암을 보고 있는 관갱객들(미국 하와이)

| 순상화산 |

楯狀火山, aspite, shield volcano
유동성이 큰 현무암 용암이 분출하여 만든 방패 모양의 완경사 화산체. 산 높이보다도 화산체의 넓이가 매우 넓은 외형적 특징을 가진다. 순상화산은 수많은 횟수의 일출식 용암분출로 형성된다. 하와이의 화산들은 순상화산으로 분류된다.

| 성층화산 | **成層火山, stratovolcano**
화산의 단면이 분명한 층을 이루고 있는 화산. **복성화산(複成火山, compsite volcano)**이라고도 한다. 일본의 후지산이 여기에 속한다.

이러한 용암류의 분출이 반복되면 마치 방패를 엎어놓은 모양의 **순상화산(楯狀火山, aspite, shield volcano)**이 형성됩니다. 순상화산은 산 정상부만이 약간 튀어나온 원추형의 화산체로 사면경사 10°이하, 그리고 화산쇄설물은 전체의 1% 이하의 양을 나타내는 특징이 있습니다. 한라산의 경우 산체는 순상화산 모양이지만 백록담이 있는 한라산 정상부는 조면암질 안산암으로 이루어진 종상화산의 모양입니다.

흔히늘 가장 아름다운 화산으로 일본의 후지산을 예로 듭니다.[12] 후지산은 오랜 기간 용암과 화쇄류가 반복해 쌓여 만들어진 화산으로 화산 활동이 만들어낸 걸작품입니다. 이런 화산은 화산체 내부에 층이 형성되어 있는 **성층화산(成層火山, stratovolcano)**으로 분류됩니다.

12. 일본의 후지산(中日本航空 제공)

성층화산은 용암류와 화쇄류, 화산쇄설물 등이 산정부의 화구 주위에 반복해 쌓이기 때문에 **복성화산(複成火山, composite volcano)**이라고도 불립니다.

참고로 제주도 동쪽의 일출봉은 바다 밑에서 분출한 해저화산으로 **기생화산(寄生火山)**의 일종인 **측화산(側火山)**으로 분류됩니다. 일출봉(179m)[13]은 정상부에 직경 400m 정도의 접시 모양의 분화구가 있는데 정상부로 올라가려면 급경사 계단을 30분 정도 걸어가야 합니다. 지금은 이 분화구 안으로 내려갈 순 없지만 예전에는 이 분화구에서 친구들과 달리기 시합을 한 적도 있을 정도로 평탄한 지형을 이루고 있습니다.

| 기생화산 |
寄生火山, parasitic volcano
화산체 주변부에서 분출된 작은 화산. **측화산(側火山)**이라고도 한다. 제주도에서는 기생화산을 '오름'이라 부르며 약 400개의 크고 작은 기생화산이 존재한다. 세계적으로 기생화산이 많기로 유명한 이탈리아 에트나(Etna) 화산은 1,000개가 넘는 기생화산을 갖고 있다.

⭐ 화산 파편들 – 화산쇄설물

▲ 비양도 화산탄(제주도 제주시)

▲ 백두산 부석

▲ 제주도 화산탄

화산지대에 가면 여기저기 널려있는 화산쇄설물이 있습니다. 화산쇄설물(火山碎屑物, pyroclastic material)이란 화산 분화과정에서 생겨난 화산재를 비롯해 화산력, 화산탄 같은 크고 작은 돌들을 말합니다. 한마디로 화산이 폭발할 때의 파편들인 셈이죠. 보통 이 화산쇄설물은 작은 구멍들이 많이 뚫려 있으며 아주 거친 모양을 하고 있답니다. 맨발로는 도저히 걸을 수 없을 정도로 거칠죠. 작은 구멍이 뚫려있는 이유는 용암이 식으면서 용암 속에 들어있던 공기가 빠져나갔기 때문입니다. 우리는 이를 기공(氣孔, vesicle)이라고 합니다.

운이 좋으면 이런 화산쇄설물 중에서 마치 고구마처럼 생긴 화산탄을 발견할 수도 있습니다. 화산탄은 공중으로 올라간 용암이 회전을 하면서 땅에 떨어지므로 타원형이거나 둥근 모양이 많습니다. 길거리 좌판에서 볼 수 있는 발바닥의 굳은살을 미는 사각형 모양의 구멍 뚫린 회색 돌 역시 화산쇄설물의 일종으로 부석(浮石, pumice)이라고 합니다. 부석이란 글자 그대로 물에 뜨는 돌이라는 뜻입니다. 왼쪽의 백두산 부석 사진은 백두산의 부석 샘플을 찍은 것으로 백두산을 백두(白頭)라고 부르는 것도 백두산 정상에 흰 부석층이 쌓여 있기 때문입니다.

⭐ 기생화산 바로 알기

대규모의 복성화산(複成火山) 사면에 기생하고 있는 작은 화산을 기생화산(寄生火山)이라고 합니다. 측화산이라고도 불리는 이 기생화산은 용암원정구, 스코리아구, 경석구, 화산회구, 마르(maar) 등 대부분 단성화산(單成火山)으로 이루어지고 있습니다. 기생화산은 대개 마그마의 점성이 작을수록, 그리고 복성화산체의 규모가 클수록 숫자가 많아지는 경향을 보입니다. 이탈리아의 시칠리아에 있는 에트나 화산은 수많은 기생화산을 갖고 있는 대표적인 화산으로 1,000개 이상의 기생화산이 있습니다(사진 8). 우리나라 제주도의 경우도 460여 개의 많은 기생화산을 갖고 있습니다.

▲ 고분처럼 보이는 기생화산 용눈이오름(제주도 제주시)

13. 하늘에서 내려다본 성산 일출봉 전경(제주도 서귀포시)

14. 성산 일출봉 분화구 내부 모습

성산 일출봉은 사진 13에서처럼 요새 모양을 하고 있습니다. 해저분출이후 융기를 거듭한 결과 화산체는 수직절벽으로 에워싸여 있죠. 이 절벽에는 해식애와 많은 해식동들이 발달되어 있는 것을 볼 수 있습니다. 일출봉은 원래 섬이었으나 현재는 제주도와 사주로 연결되어 있어 더 이상 섬은 아니랍니다. 이에 관한 자세한 사항은 '5장 바다 지리여행'편을 참고해 주시기 바랍니다.

⭐ 인류 역사상 최악의 지진해일

지구촌 곳곳에서 크리스마스의 들뜬 분위기가 채 가시지도 않은 2004년 12월 26일 아침. 인도네시아 아체주 앞바다에서 일어난 진도 8.9의 초강진으로 쓰나미(Tsunami)라는 지진해일(진파, 津波)이 발생하고, 인도네시아, 태국, 스리랑카, 말레이시아, 인도, 방글라데시, 몰디브 등 인도양 주변 국가에서 모두 25만명이 죽은 인류 최악의 지구 대재앙이 일어났습니다. 해변으로 올라온 해일의 속도가 시속 40km를 넘고 높이도 최고 15m를 넘었다니 2~3m 정도의 바닷가 저지대를 삼키기에는 그야말로 '식은 죽 먹기'였습니다. 유명한 재해 연구가인 Bryant는 1991년 그의 연구를 통해 진파(津波)는 재해 2등급에 속하는 대규모 자연재해이며, 전세계적으로 동인

도 지역이 20%의 진파 발생빈도를 갖고 있음을 밝힌 바 있었는데 바로 이번 대참사 발생 지역이 여기에 해당됩니다.

이 인도네시아 지진은 유라시아판과 인도판의 충돌에 의한 것입니다. 수소폭탄 270개를 동시에 터뜨린 것과 같은 위력을 지녔다는 이 지진의 발생 원인은 환태평양 지진대에

포함된 약 1,000km의 '안다만 단층선'의 균열 때문이었다고 합니다. 이 해일은 초강도의 지진이 바닷물을 흔들어 놓았기 때문에 일어난 것인데 이러한 일렁거림이 동심원의 물결을 만들어 주변 국가의 해안을 급습, 대참사를 일으킨 것입니다. 참으로 안타까운 노릇이 아닐 수 없습니다.

◀ 지진해일파의 전달 과정

04 화산에 가서 이것만은 꼭 확인하자!

화구호와 칼데라호

아마도 여러분은 화구라는 말은 많이 들어보셨을 겁니다. **화구(火口, crater)**란 보통 화산 정상부에 있는 분화구를 말합니다. 물론 **마르(maar)**[15]와 같이 평지 위에 분화구가 생긴 경우도 있지만 대개는 산 정상부에 위치하고 있습니다. 화산 내부에 있던 산성 마그마가 분출해 대규모 폭발을 한 이후 화구가 제 무게를 이기지 못하면 결국엔 함몰하고 맙니다. 왜냐하면 화산 속에 들어있던 마그마가 모두 밖으로 빠져나가 빈 공간(이를 공동(空洞)이라고 합니다.)이 생겨났기 때문이죠. 화구가 함몰해서 본래 화구보다 커진 것을 우리는 **칼데라(caldera)**라고 부르고 있습니다.

화산 폭발 이후 화구나 칼데라에 빗물이 고여 호수가 생성되면 이를

15. 하늘에서 본 산굼부리(제주도 제주시)

| 마르 | maar

땅 위에 움푹 패인 둥근 분화구. 화산체가 없어 지표면에 분화구만이 형성되어 있다. 제주도의 산굼부리는 전형적인 마르에 해당된다. 외국의 경우는 독일의 아이펠 지방에서 많이 발견된다.

| 화구 | 火口, crater

화산의 분화구. 화산체 내부의 마그마가 **화도(火道, vent)**를 따라 솟구쳐 올라와 분화가 발생, 화산분출물을 뱉아내는 구멍. 이곳에 빗물이 고이게 되면 **화구호(火口湖, crater lake)**가 만들어진다. 이러한 화구가 화산체 내부에 형성된 공동(空洞, 빈 공간)으로 인해 가라앉게 될 경우 기존의 화구보다 넓은 분지형의 함몰지형이 만들어지게 되는데 이를 **칼데라(caldera)**라고 한다. 칼데라에 물이 고이게 되면 **칼데라호(칼데라湖, caldera lake)**가 형성되며 백두산의 천지가 좋은 예이다. 울릉도 성인봉도 칼데라 지형이다. 세계 최대의 칼데라는 일본 큐슈 지방에 위치한 아소산 칼데라로서 직경 약 20km에 달하는데 이 칼데라 내부에는 수만 명의 사람들이 살고 있을 정도이다.

16. 백두산 천지

17. 성인봉 정상의 모습(경상북도 울릉군)

각각 화구호, 칼데라호라고 합니다. 한라산 백록담[105쪽 사진]은 화구호 (火口湖)이며, 백두산 천지[16]는 칼데라호입니다. 울릉도 성인봉[17]에서 바라본 나리분지와 알봉분지도 천지와 같은 호수를 갖고 있진 않지만 대규모 폭발 후 화구 함몰이 일어난 칼데라 지형으로 유명한 곳입니다. [122쪽 Tips 03]

세계에서 제일 규모가 큰 칼데라는 일본 규슈 지방에 위치한 아소산 (阿蘇山) 칼데라입니다.[18] 아소산 칼데라는 그 규모가 동서로 18km, 남북으로 24km, 둘레 128km로 그 속에 6만여 명의 주민이 살고 있을 정도로 어마어마하게 큰 칼데라입니다. 아소산은 현재도 분화활동을 계속하고 있는 활화산입니다.

용암동굴

화산지대를 가면 때때로 용암이 만든 **용암동굴**을 볼 수 있습니다. 터널 모양의 반타원형 모습을 지닌 용암동굴은 먼저 분출된 용암의 표면이 식어가는 동안 그보다 더 뜨거운 용암이 그 밑을 흘러서 빠져나가 만들어진 것입니다. 제주도에는 만장굴을 비롯해 협재굴, 금녕사굴 등 많은 용암동굴을 볼 수 있습니다. 특히 천연기념물(제98호)로 지정되어 있는 만장굴[21]은 길이가 13.5km나 되어 세계에서도 손꼽히는 아주 중요한 용암동굴입니다.

주상절리

화산지형의 또 다른 백미는 바로 주상절리입니다. 수직의 육각형 모양의 주상절리가 병풍처럼 늘어서 있는 것을 보고 있노라면 자연의 신비, 그 자체를 느낄 수 있습니다. 학자들은 아직 왜 이런 육각형의 주상절리가 형성되는지 정확히 밝혀내지 못하고 있지만 사진 19, 20처럼 용암이 수축하면서 원형에 가까운 육각형 모양을 이루는 것으로 생각하고 있습니다. 주상절리는 제주도 지삿개와 울릉도 국수바위, 경상북도 포항시의 연일읍, 경기도 연천군, 광주시의 무등산 등 우리나라 곳곳에서 볼 수 있습니다.

영국의 북아일랜드에는 자이언츠 코즈웨이(Giant's Causeway)라는 3

| 용암동굴 | 熔岩洞窟, lava cave

화산분출시 용암류의 상부가 식어 굳어지면서 하부의 용암류가 흘러빠지게 되면 터널 모양의 동굴이 생기게 되는데 이를 용암동굴이라고 한다. 용암동굴 내부에는 용암이 흘렀던 흔적이 발견된다. 원래 용암동굴은 석회동굴처럼 동굴 천정으로부터 종유석이 매달리는 일이 있을 수 없으나 2005년 5월 제주도 북제주군 구좌읍에서 발견된 용천(龍泉)동굴의 경우 용암동굴 위에 퇴적된 조개가루가 빗물에 녹아 매달린 종유석이 길이 1km 구간에서 발견되어 세계 최대 규모의 위석회동굴(僞石灰洞窟)로 확인된 바 있다.

18. 외륜산에서 바라본 아소산 칼데라 내부 모습(일본 구마모토현)

19. 천연기념물 제415호인 달전리 주상절리(경상북도 포항시)

20. 천연기념물 536호로 지정된 경주 양남리 주상절리(경상북도 경주시)

21. 만장굴 내부의 모습(제주도 제주시)

만 7,000여 개의 정육각형 주상절리로 만들어진 길이 8km 이상의
돌길이 늘어서 있습니다.[22] 주상절리가 바닷가 절경을 만들어내고
있는 이곳은 유네스코가 지정한 세계자연유산입니다.

⭐ 제주도엔 하천이 없다?

여러분들은 제주도에 강이 없다는 말을 들어본 적이 있으신지요? 사실 제주
도에도 계곡은 잘 발달되어 있지만 강에 물이 흐르는 모습을 쉽게 볼 수 없
습니다. 왜냐하면 제주도는 현무암층으로 이루어진 지형으로 투수성이 좋아
서 웬만한 빗물은 전부 땅 속으로 스며들어가 버리기 때문입니다. 그러나 장
마나 태풍 때가 되면 한라산 중턱의 계곡물이 일시적으로 불어 하천으로 큰
물이 쏟아져 내리게 됩니다. 이 하천은 비가 그치면 다시 말라버리는 특징을
갖고 있는데 이런 하천을 건천(乾川)이라고 합니다. 남제주의 강정천 등 몇
개를 제외한 대부분의 제주도 하천은 건천입니다.

강정천 같은 몇개의 하천에 강물이 늘 흐르고 있는 이유는 땅 속으로 스며들
어간 빗물이 지하의 대수층을 통해 땅 위로 흘러나와 강물을 이루기 때문입
니다. 대수층(帶水層, aquifer)이란 물을 갖고 있는 지층을 말합니다. 제주
도에는 용천(湧泉, spring)도 잘 발달되어 있습니다. 용천이란 땅 속으로 들
어간 빗물이 지하수가 되었다가 지표로 다시 올라오는 샘물을 말하는데 주
로 바닷가에 많이 분포되어 있습니다. 제주도 북부 해안에 위치한 애월, 곽
지, 이호 등지에는 지금도 마을 주민들이 애용하고 있는 용천을 볼 수 있습
니다.

▲ 강우시 지표수가 빠져 들어가는 숨골. 제주도
상류 하천은 대개 건천을 이루고 있다.

▲ 곽지해수욕장 용천수(제주도 제주시)

▲ 이호동 용천대(제주도 제주시)

22. 자이언츠 코즈웨이의 장관(영국 북아일랜드)

[제주도 서귀포시 준문동]

저게 주상절리야~!

- 지삿개 & 갯깍 -

▲ 갯깍의 주상절리

지삿개는 제주도 서귀포시 중문동의 옛 이름으로 지삿개 바위란 지삿개 해안가에 발달된 주상절리를 일컫는 말입니다. 해안선 3.5km에 걸쳐 수려하게 발달되어 있는 이 주상절리군은 직경 30cm 이상의 크고 작은 수천 개의 돌기둥들이 높이 20~30m의 절벽을 이루고 있습니다.

주상절리는 일반적으로 치밀한 흑회색 또는 암회색의 현무암이나 조면암질 용암이 화산분출 후 용암 표면의 균등한 수축으로 인해 생긴 수직 방향의 돌기둥을 말합니다. 주상절리의 특이한 점은 단면이 대부분 육각형이란 점입니다.

왜 육각형인가에 관한 정확한 답은 아직 알 수 없으나 자연계에서 가장 안정적으로 수축되는 최상의 형태가 육각형이라고 추정하고 있습니다.

2005년 1월 10일 천연기념물(제443호)로 지정된 이 지삿개 주상절리는 조면현무암이 수축되면서 만들어진 것으로 제주도에서는 이곳을 '모시기정'이라고 부르기도 합니다. 모시기정은 모가 난 수직절벽이란 뜻이며 지삿개의 '개'는 뭍으로 움푹 들어간 작은 만(灣)을 뜻합니다. 이곳은 관광자원뿐만 아니라

학술적으로도 보호 가치가 큰 곳으로 평가되고 있습니다.

한편, 지삿개로부터 약 3km 서쪽으로 떨어진 중문관광단지 해안가에는 갯깍(제주도 방언으로 '바닷가 끄트머리'라는 의미)이라 불리는 주상절리 해안이 있습니다. 이곳은 제주도에서 주상절리의 백미를 맛볼 수 있는 비경으로 높이 20m가 넘는 주상절리군(群)이 약 1km 정도 길게 이어져 기막힌 절벽해안을 이루고 있습니다. 제주도에 가시거든 꼭 이 갯깍해안의 웅장함을 맛보셔야 합니다. 아니면 제주도를 헛다녀왔다는 말을 들으실지도 모를테니까요.

▲ 갯깍의 주상절리를 가까이에서 본 모습

▲ 천연기념물 제443호인 지삿개 주상절리

화산력이 떨어진 흔적을 보세요

- 수월봉 -

▲ 수월봉 화산재층. 화산 폭발로 인해 떨어진 화산쇄설물이 만든 탄낭구조(화살표)가 보인다.

제주도 서쪽 끝 바닷가에는 수월봉(78m, 일명 고산(高山)이라 함)이라는 봉우리가 있습니다. 우리말의 '쉽다'는 의미의 '수월'이 아니라 한자로 '달과 물의 봉우리'란 뜻으로 수월봉(水月峰)이라고 합니다. 수월봉 정상의 정자로 올라가면 제주도에서 가장 아름답다는 섬 차귀도와 함께 제주의 서해바다가 한눈에 들어옵니다. 쪽빛 바닷물이 파란 하늘과 빚어내는 광경이란 이루 말할 수 없을 정도로 환상적이죠. 그런데 이에 못지 않은 멋진 경관을 수월봉을 만들고 있는 화산재층에서도 찾을 수 있습니다.

제주도는 신생대 제3기말에 화산 활동을 시작해 모두 5번에 걸친 분화역사를 갖고 있습니다. 언제 이 수월봉이 생겼는지는 연구가 아직도 진행 중이지만 수월봉도 용두암이나 일출봉처럼 해안가에 분포된 많은 수중 분화구의 일종으로 알려져 있습니다. 화산학자들의 연구에 의하면 차귀도와 수월봉 사이의 바다 한복판에 분화구가 있었다고 합니다. 그래서 수월봉 절벽 아래쪽에는 해식애, 해식동, 퇴적층리, 해성퇴적층 등과 같은 해안지형이 나타나게 되었다는 것이죠.

수월봉 해성퇴적층에는 이 지역의 화산 활동을 추론할 수 있는 아주 좋은 흔적들이 나타납니다. 왼쪽 사진의 수월봉 노두(露頭, outcrop, 기반암이 노출된 부분)^{185쪽 설명}는 과거 화산퇴적층이 융기해 나타난 것으로 잘 발달된 미세 화산재층은 얕은 바다의 조용한 퇴적환경을 말하고 있으며 입자가 거친 화산력층은 화산분출이 왕성했던 시기를 말해주고 있습니다. 이 수월봉 해성퇴적층에는 탄낭구조(彈囊構造)가 잘 발달되어 있습니다. 과거 해수면 아래에 있던 화산재층에 화산분출물들이 날아와 박히면서 생긴 V자 모양의 층구조를 탄낭구조라고 하는데 탄낭구조는 제주도 서부 지역의 화산 분화 지점을 알 수 있는 증거물이 되고 있습니다.

수월봉 정상에는 기상청이 운영하는 고산기상대가 있습니다. 이곳에서는 주변의 오염원으로부터 오염되지 않은 자연 상태의 고층 대기질을 관측, 다양한 기상 정보를 제공하고 있습니다. 수월봉에서 내륙쪽을 바라보면 고산평야라 하는 제주도에서 제일 넓은 평야를 볼 수 있습니다. 이들 한가운데로 제주도 서귀포시와 제주시의 경계선이 통과하고 있습니다.

▲ 수월봉의 화산재층

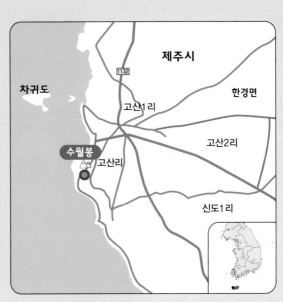

[경상북도 울릉군 울릉읍]

환상의 파노라마

- 울릉도 칼데라 -

▲ 성인봉 정상에서 바라본 칼데라 지형

울릉도 정상인 성인봉은 해발고도 983m로 서울시의 북한산(836m)보다도 높습니다. '천부동-성인봉-도동'으로 이어지는 울릉도 종단 트래킹 코스는 울릉도를 몸으로 느낄 수 있는 아주 좋은 코스입니다. 천부동을 지나면 울릉도에서 제일 넓은 평탄한 지역이 나타나는데 이곳이 바로 나리분지입니다.

해발 250m의 나리분지는 울릉도의 답답한 섬 이미지를 완전히 벗어 던질 수 있는 아주 넓은 평원입니다. 이곳엔 너와집과 투막집이 잘 보존되어 있습니다. 이 나리분지를 지나면 다시 좁은 산길이 나오고 한참을 올라가면 다시 알봉분지라는 해발 500m 정도의 넓은 지역이 나타나는데 이 두 곳의 면적은 약 60만 평이나 된다고 합니다.

울릉도는 제주도와 달리 비교적 점성이 강한 조면암과 안산암으로 이루어진 화산입니다. 한라산 정상부와 산방산이 제주도를 대표하는 종상화산이라면 울릉도 성인봉은 우리나라를 대표하는 종상화산으로 산사면의 경사가 급해 등산로 곳곳에는 밧줄이 마련되어 있을 정도입니다.

울릉도는 높이가 3,000m인데 바다 속에 약 2,000m가 잠겨 있고 나머지 1/3 정도만 바다 위로 솟아 있으며 해저 지름이 약 30km나 되는 대화산체입니다. 울릉도는 약 2만 년 전부터 2000년 전까지 분화가 이어졌다고 합니다.

성인봉 정상에 오르면 미륵산(901m)과 송곳산(606m) 등의 외륜산(外輪山)과 중앙화구구(中央火口丘)인 알봉(538m)이 보입니다. 사진 오른쪽 끝에 보이는 외륜산 일부는 칼데라 형성 이후 파괴되어 지금은 그 모습을 찾아볼 수 없습니다. 알봉분지를 중심으로 한 낮고 평평한 칼데라에 만약 빗물이 고여 있다면 백두산 천지와 같은 모습일 것입니다. 성인봉에 올라 울릉도 칼데라의 환상적인 경관을 꼭 감상해 보시기 바랍니다.

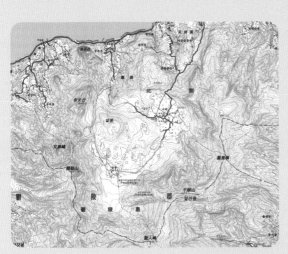

▲ 1:50,000 지형도 상에 나타난 울릉도 칼데라 지형

TIPS 04

칼로 자른 듯한 지표면

- 한탄강 용암대지 -

▲ 한탄강 지류인 차탄천의 용암대지(화살표)

경기도 연천군 관내를 흐르고 있는 한탄강변에 가 보면 사진들과 같이 절벽 위를 칼로 잘라낸 듯한 일직선상의 평탄면을 볼 수 있는데 이 지형은 무엇일까요? 어떻게 해서 만들어진 것일까요?

이 평탄한 지형은 염기성 용암이 만든 용암대지입니다. 현무암질 용암이 분출된 화산지대에서는 기존의 지형 기복(起伏)을 완전히 덮은 평탄하고 넓은 용암대지를 볼 수 있습니다. 북한의 개마고원에도 넓은 용암대지가 발달되어 있죠.

한탄강 상류의 평강군(북한 구역)에는 오리산이라는 화산이 있습니다. 압산(鴨山)이라고도 불리는 이 산은 해발 451m에 불과한 작은 산이지만 과거 엄청난 양의 현무암질 용암을 한탄강 남서쪽으로 흘려보내 면적 약 10km²의 강원도 철원군·평강군 용암대지를 만들어 놓았습니다. 분출 시기는 신생대 플라이스토세 후반기(50~100만 년 전)로 알려지고 있습니다.

이 지역에서 한탄강을 보려면 용암대지 절벽 가까

이로 가야만 합니다. 왜냐하면 한탄강이 오랜 세월 동안 용암대지를 따라 흐르며 깊이 20m 정도를 수직으로 파 내려갔기 때문입니다. 경기도 연천군에 가면 한탄강에서 과거 발생된 화산 활동을 경험해 보시기 바랍니다. 강이 만든 수직계곡과 평탄한 연천군 용암대지가 장관일 것입니다.

▲ 용암대지와 한탄강

▲ 한탄강의 용암층

가평의 돌개구멍

Chapter 04

하천
지리여행

빗방울이 모여 작은 계곡을 이루고 계곡은 작은

시내를 만들며 작은 시내는 하천을 만들어 바다와

만나는 큰 강이 됩니다. 이렇게 강물은 상류에서

하류로 흘러가며 소, 폭포, 삼각주 등을 만들게 되죠.

강물이 만들어내는 변화무쌍한 하천지형을 보면

강은 살아 있는 생물이란 생각이 절로 듭니다.

강으로
가자!

우리는 앞서 산에서 볼 수 있는 여러 가지 것들에 대해 살펴 보았습니다. 그럼 이번에는 시원한 강가로 나가 볼까요? 시원하게 흐르는 강물을 보면서 강에서 볼 수 있는 여러 지형에 대해 얘기해 보도록 하겠습니다.

강…! 하면 여러분은 어떤 모습을 떠올리게 되시는지요? 혹시 지난 휴가 때 가 보았던 바로 그 강 모습을 생각하며 이런저런 말을 할지도 모르겠네요. 사람의 얼굴이 모두 다르듯이 하천 역시 최상류부터 최하류까지 서로 다른 고유의 특성을 갖고 있습니다. 한강과 낙동강에 같은 시간에 같은 양의 비가 내린다고 해도 강우에 대해 서로 다른 반응을 보이는 것은 물론이고 한강 유역 내의 여러 지류도 서로 다른 반응을 나타내고 있습니다. 이는 하천이 흐르고 있는 유역의 암석 구성과 하천 경사, 식생, 토지이용 등의 조건이 서로 다르기 때문입니다.

여러분은 강줄기 전체의 모습을 생각해 본 적 있습니까? 예를 들어 한강의 발원지부터 시작해 서해로 빠져나갈 때까지의 한강 물줄기를 종이 위에 그려가며 한강의 상류와 중류, 하류의 모습을 말씀하실 수 있을까요? 어떤 지점에서 어떤 지류가 유입되고 있으며 그 합류 지점에 발달된 크고 작은 도시들의 이름을 알고 계시는지요. 하천은 최

▲ 사행천(일본 홋카이도)

▲ 비둘기낭폭포(경기도 포천시)

▲ 동강 어라연(강원도 영월군)

상류 발원지로부터 바다로 들어가는 최하류 지점까지의 본류와 지류 모두를 포함한 유역을 토대로 생각하셔야 합니다.

그럼 지금부터 이런 것들을 생각하며 여러분과 함께 최상류부터 하류까지 강줄기를 따라 하천 지리여행을 떠나보도록 하겠습니다. 강은 과연 어떻게 만들어진 것이며 강은 우리에게 어떤 존재인가를 생각해 보기로 합시다. 아마도 하천여행이 끝나고 나면 여러분은 강을 통해서 우리의 새로운 모습을 보게 될 것입니다. 그럼 우리 같이 강가로 나가볼까요? '강이 생물(生物)'이란 것을 느끼기 위해서 말입니다.

강은 생물이다?

새삼스럽게 '강이 생물'이란 말은 왜 하는 것일까요? 혹시 '강에는 많은 생명체들이 살고 있으니 강이 생물이란 말은 당연한 게 아닌가?' 하고 생각하겠지만 여기서 말하는 생물이란 '강에 살고 있는 생명체'를 의미하는 것이 아니라 '강 자체가 살아 숨 쉬는 에너지를 갖는 생명체'임을 뜻하는 말입니다.

강 자체가 에너지를 갖는 생명체라면 강에 에너지를 불어넣는 것은 무엇일까요? 그건 바로 '물'입니다. 강을 따라 흐르는 강물이야말로 강을 살아 숨 쉬게 하는 에너지의 원천입니다. 하늘에서 강으로 곧바로 떨어진 빗물과 땅 위를 흐르다가 강으로 흘러들어간 빗물,

그리고 땅 속에서 강으로 배어나온 지하수가 바로 하천 에너지를 생산하는 물의 공급원입니다.

하천이 갖는 에너지를 전문용어로 스트림파워 (stream power)라고 합니다. 비가 내리면 강물이 불어나게 되는데 이로 인해 스트림파워도 증가하게 됩니다. 스트림파워란 주로 강물의 운반에너지와 위치에너지로 구성되며 바로 이 스트림파워가 다양한 하천 지형을 만들고 있는 것입니다. 흙과 자갈, 그리고 머리만한 돌들이 강물에 떠내려갈 수 있는 것도 그리고 다시 쌓이게 되는 것도 이 스트림파워의 강약에 의한 것입니다.

▲ 토평동에서 바라본 한강(경기도 구리시)

강과 천의 차이

여러분은 '강(江)'과 '천(川)'의 차이를 알고 계십니까?. 어떨 때 '강'이라고 하고 어떨 때 '천'이라는 말을 쓸까요? 강과 천의 차이는 그 규모가 기준이 되고 있습니다. 영어로 '강'은 'river'라고 표현하며, '천'은 'stream'이라고 합니다. 우리말로도 상류의 산간계곡을 비롯해 작은 강이나 큰 강의 지류들을 '○○천'이라고 부르며, 바다로 빠져나가는 강 하류 구간은 '○○강'이라고 부릅니다. 그래서 우리나라의 큰 하천, 즉 한강, 낙동강, 금강, 영산강, 섬진강과 같은 하천들은 모두 강이라고 불립니다.

이렇게 하천 규모와 위치를 기준으로 '강'과 '천'이라는 말을 구별해 사용하고 있지만 우리는 이를 합쳐서 '하천(河川)'이라고 합니다. 따라서 하천이란 지표면을 따라 흐르는 크고 작은 물줄기를 총칭하는 대명사로 생각하시면 됩니다. 하지만 보통은 '강'이라는 말을 사용하며, '하천'이라는 말은 주로 글에서나 볼 수 있는 단어라고 할 수 있습니다.

01 하천의 발원지를 바로 알자

강원도 태백시 창죽동 안창죽. 버스도 지나지 않는 비포장길을 한참 올라가면 검룡소라는 너비 2m 정도의 샘이 나옵니다.[1, 2, 3] 아주 작지만 들여다보면 그 깊이를 가늠할 수 없을 정도로 깊은 샘이지요. 아무리 가물어도 날마다 2,000톤의 지하수가 석회암반을 뚫고 솟아오른다고 하는, 언뜻 보기에 보잘것없어 보이는 이 샘이 바로 길이 481km에 이르는 한강의 발원지입니다.

이곳에 전해 내려오는 전설에 따르면 서해에 살던 이무기가 용이 되려고 한강 줄기를 타고 거슬러 올라와 검룡소에 이르렀는데 승천할 생각은 않고 주변의 가축만을 잡아먹었다고 합니다. 이에 화가 난 주민들이 이무기가 살고 있던 검룡소를 돌로 메워버렸다고 하는데 전설이야 어떻든 이 소(沼)는 1980년대에 이르러서야 다시 복원되었습

1. 검룡소(강원도 태백시). 검룡소에서 흘러나오는 물을 검룡수라고 한다.

2. 한강 발원지인 검룡소의 계곡

니다. 한때는 강원도 오대산 '우통수'라는 곳이 한강 발원지로 알려지기도 했지만 국립지리원 측정 결과, 이곳 검룡소가 한강 발원지로 공인되었습니다. 강원도 태백시는 또 다른 하천 발원지로 유명한 곳입니다. 바로 길이 525km의 낙동강이 이곳에서 시작되기 때문입니다. 낙동강 발원지는 태백시내 한복판에 있는 '황지(黃池)'라는 연못으로 알려져 있습니다.[4] 황지는 상지, 중지, 하지 등 모두 세 개의 연못으로 구성되어 있는데 현재 이곳은 태백시민의 공원으로 이용되고 있습니다. 황지연못 바로 아래에서 솟아올라온 지하수가 낙동강이 되어 부산시 앞바다로 흘러가는 것입니다.

우리나라는 동고서저의 지형적 특징[189쪽 그림 4 참고]때문에 대부분의 하천이 서해와 남해로 흐르고 있습니다. 서해와 남해로 향하는 하천은 길이가 길고 경사가 비교적 완만하지만 동해로 흐르는 하천은 길이가 짧고 경사가 급한 게 보통입니다. 대개 우리나라 하천의 발원지는 백두대간에 있습니다.

한편, 금강[10] 발원지는 전라북도 장수군 장수읍 수분리의 신무산

3. 검룡소

4. 낙동강 발원지인 황지(강원도 태백시)

(897m)에 위치한 뜸봉샘으로 알려져 있으며, 섬진강[11] 발원지는 전라북도 진안군 백운면 팔공산(1,151m), 영산강 발원지[7]는 전라남도 담양군 용면 용연리 가마골 용추봉(584m) 남쪽 기슭으로 전해지고 있습니다.

우리나라 대하천의 발원지를 간단히 소개했지만 사실 하천 물줄기가 형성되는 곳은 본류(어떤 유역에서 길이가 제일 긴 하천줄기) 발원지뿐만 아니라 산지의 최상류에 곳곳이 하천 발원지라고 해야 옳을 것입니다.

하천이 흘러나오는 최상류 지점에 가 보면 땅 속에부터 물이 배어나오고 있는 것을 알 수 있습니다.[8, 9] 이를 **지중수(地中水)**라고 합니다. 하천은 땅 속에서 배어나오는 지중수에 의해 만들어지는데 이러한 지점이 바로 하천의 출발점을 이루고 있습니다. 지중수를 포함한 지하수는 하천의 발원지에서만 지표로 공급되는 것은 아닙니다. 하천이 하류로 흘러 내려가는 동안 지하수와 하천수는 서로 물을 주고받는 작용을 활발히 벌이고 있습니다.^{그림 1}

5. 섬진강 상류의 모습(전라남도 구례군)

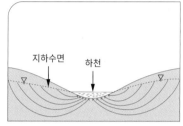

그림 1. 하천과 지하수와의 관계. 화살표는 지하수가 하천으로 흘러 들어감을 의미한다.

6. 금강의 하류인 강경포구(충청남도 논산시)

7. 영산강 발원지(전라남도 담양군)

8. 지중수 유출로 인한 하천 발원지의 모습(경기도 구리시)

9. 땅 속에서 지중수가 배어나와 계류를 이루는 모습(화살표)(경기도 구리시)

하천이 지하수에 의해 만들어진다는 말에 아직 실감이 나지 않는다면 이렇게 생각해 보세요. 비가 내리지 않을 때 계곡에 흐르고 있는 물은 어디서 흘러나온 것일까요? 계곡물을 과연 지표수라 할 수 있을까요? 여러 계곡의 물이 모여 강을 이루고 있으니 지표수라 해야 마땅하지 않을까요? 맞습니다. 그러나 계곡수의 공급원을 기준으로 생각해보면 그 계곡물은 산속 토양으로부터 흘러나온 지하수로 구성된 것이니 강물 성분은 당연히 지하수라 할 수 있습니다. 지표수라는 말은 땅 위를 흐르고 있는 아니 땅 위에 분포하고 있는 형태를 기준으로 부르는 말일 뿐 성분을 기준으로 하는 말은 아닙니다. 자! 여러분… 이제부터 이렇게 말해보세요. 하천에는 지하수가 흘러간다고 말입니다.

10. 금강 발원지(전라북도 장수군)

11. 섬진강 발원지(전라북도 진안군)

✪ 백두대간이란?

근래에 들어와 백두대간(白頭大幹)이란 말이 자주 사용되고 있습니다. 호랑이 모양새를 띤 한반도의 형상에 착안해 만들어진 백두대간이라는 말은 백두산에서부터 지리산까지의 척추 능선, 즉 한반도를 동쪽과 서쪽으로 나누는 분수령의 연장선을 칭하는 말로서 김정호의 '대동여지도'나 이중환의 '택리지'의 기본을 이루어 오다가 조선 후기의 실학자 신경준이 '산경표'를 통해 완성시킨 개념입니다. 그는 백두대간을 1

정간 13정맥으로 구분하고 있는데 한반도 동해안과 서해안으로 흐르는 강을 양분하는 큰 산줄기를 대간(大幹)이라 하고 그로부터 갈라져 각각의 강을 경계 짓는 분수령을 정맥(正脈)이라 칭하고 있습니다. 백두대간이라는 말은 한반도의 산줄기와 물줄기의 발달과 관련된 말로서 우리나라 자연을 칭할 때 사용하는 상징적 표현이며 산맥의 학문적인 분류 체계와는 달리 인식되고 있습니다.

▲ 백두대간

✪ 발원지를 바로 알자

발원지의 사전적 정의는 '흐르는 물줄기가 처음 시작한 곳'으로 되어 있습니다. 땅속 여기저기로부터 흘러나온 지하수가 물줄기를 만들 경우 발원지라 말할 수 있다는 것이죠. 그러나 여기서 분명 주의해야 할 점이 있습니다. 어느 하천의 발원지는 딱 한 곳뿐이라는 것이죠. 예를 들어 한강 발원지는 검룡소, 그곳 뿐입니다. 하천 발원지란 본류 최상류 지점을 발원지라 정의하고 있기 때문입니다. 일전 문경의 어느 낙동강 변에 가보니 '낙동강 발원지'라고 새겨진

큰 표지석이 보이더군요. 문경에서도 낙동강 물이 흘러나온다고 말하고 싶었을까요? 엄청 잘못된 내용입니다. 낙동강 발원지는 황지뿐인데 말이죠. 이걸 바라보는 사람들은 낙동강 발원지가 문경이라고 믿게 될 겁니다. 세계 어느 하천이든 그 하천의 발원지는 본류 최상류의 하천물이 배어나오는 지점, 딱 한 곳뿐이라는 것을 기억하시기 바랍니다.

⟨02⟩ 상류의 신비로운 바위와 아름다운 선녀탕

우리나라는 '선녀탕' 또는 '옥녀탕'이라는 이름이 붙은 곳이 참 많습니다. 경치가 아름답고 맑은 물이 고여 있는 계곡에 흔히 붙는 이름이지요. 한 가지 예로 금강산에는 상팔담이라는 비경이 있습니다.[12] 우리가 잘 아는 선녀와 나무꾼 이야기의 진짜 배경이 된 곳이지요. 상팔담은 깊게 패인 선녀탕이 여덟 개가 있는 계곡을 말하는데 계곡이 굽이치는 이곳에 어떻게 이런 예쁜 지형이 만들어진 것일까요?

계곡에는 많은 흙과 모래, 자갈들이 있습니다. 비가 오면 계곡물이 삽시간에 불어나 많은 토사(土砂, 흙과 돌)를 계곡 아래로 운반하게 됩니다. **스트림파워**(stream power)가 증가했기 때문이죠. 스트림파워란 하천수리학적인 용어로 강물이 갖는 힘을 나타낸 것인데 하천의 유량이나 유속과 비례 관계를 지닙니다.

스트림파워가 증가하면 크고 작은 많은 돌과 자갈들이 움푹 패인 곳으로 들어가 웅덩이 속에서 빙빙 돌며 그 크기를 점차 넓히기 시작합니다. 이를 **마식작용**(磨蝕作用, abrasion)이라고 합니다. 그 결과 오랜 시간이 지나면 상팔담과 같은 둥그렇고 커다란 선녀탕을 만들게 됩니다. 이런 모양의 지형을 지형학 용어로는 **포트홀**(pothole)이라고 합니다.

사실 포트홀은 우리나라 상류계곡 도처에서 볼 수 있는 하천 침식지형입니다. 조금의 관심만 있으면 누구나 쉽게 찾을 수 있지요. 포트홀을 잘 관찰할 수 있는 곳으로는 우선 경상남도 밀양시에 있는 호박소를 들 수 있습니다.[14] 이곳에는 금강산의 상팔담 못지않게 열 개 가

| 스트림파워 | stream power
하천의 침식력을 나타내는 전문 용어. 스트림파워는 하천의 유량, 하천경사, 유속 등에 비례한다.

| 마식작용 | 磨蝕作用
맷돌로 가는 것과 같이 **하상**(河床, channel bed; 강바닥)이 자갈이나 작은 돌, 또는 흙에 의해 마모되는 현상. 기반암 하상에 만들어진 움푹한 구멍에 이러한 물질들이 들어가 있을 경우에 마식작용은 활발히 일어나게 된다.

| 포트홀 | pothole
마식작용에 의해 하상에 형성된 항아리 모양의 돌구멍

12. 포트홀이 연속적으로 발달된 금강산의 상팔담. 포트홀이 8개 있다고 하여 상팔담이라 불리고 있다.

13. 포트홀(전라북도 장수군)

량의 포트홀이 연속적으로 잘 발달되어 있습니다. 호박소의 '호박'은 야채 호박이 아니라 '확'(절구의 입구에서 밑바닥까지의 팬 곳)의 경상도 사투리라고 합니다. 호박소는 옛날 주민들이 깊이를 재려고 돌을 매단 명주실을 한 타래나 풀었지만 바닥에 닿지 않았다는 전설이 있을 만큼 그 깊이가 깊습니다.

14. 호박소(경상남도 밀양시)

지리산 국립공원 북쪽을 흐르고 있는 남강 상류인 임천강 가에는 용유담(龍遊潭)이라는 곳이 있습니다. 이곳에서도 잘 발달된 다양한 모양의 포트홀을 볼 수 있습니다. [16] '용이 놀았던 연못'이라는 뜻에서 용유담이라고 불리는 이 기반암체는 하천 침식이 얼마나 대단한지를 잘 말해주고 있습니다. 이곳의 포트홀들도 아마 오랜 시간이 지나면 호박소와 같은 대규모의 모습으로 바뀔 것입니다. 경상북도 문경시 용추계곡[18]에서도 지름이 2m 이상이나 되는 하트형 포트홀을 볼 수

15. 주왕산 제3폭포(경상북도 청송군)

16. 용유담의 포트홀. 홍수 때 포트홀 속에 들어 있는 돌들이 빙글빙글 돌며 마식작용을 일으키며 포트홀을 더 커지게 한다(경상남도 함양군).

있습니다. 이밖에 경기도 가평군에서도 다양한 모양의 포트홀을 볼 수 있습니다. 158쪽 Tips 01

앞서 살펴보았듯이 비가 올 때 하천은 많은 토사들을 운반하고 있지만 사실은 맑은 날에도 강물은 흙과 모래를 끊임없이 운반하고 있습니다. 단지 스트림파워가 워낙 작아 눈으로 확인할 수 없을 뿐입니다. 하천은 강바닥으로부터 끊임없이 물질을 이동시키고 있습니다. 인절미 가루보다도 더 고운 **점토**(clay)를 비롯해 **실트**(silt), **모래**(sand) 등 다양한 크기의 사력질을 운반하고 있습니다.

우리는 보통 강바닥(이를 하상(河床, channel bed)이라고 합니다.)이 모래로 뒤덮여 있는 것으로 알고 있습니다. 하지만 하천 중, 상류의 경우는 어떨까요? 그곳에도 하상이 모래로만 구성되어 있을까요? 강바닥을 구성하고 있는 입자의 크기는 상류로 갈수록 점차 어떻게 변하

17 설악산 주전골 선녀탕 폭포가 만든 포트홀(강원도 양양군)

| 점토 | 粘土, clay

퇴적물은 입자의 크기에 따라 다양하게 분류되는데 입경이 1/16mm보다 큰 것을 모래(sand), 1/16~1/256mm 사이의 것을 실트(silt), 1/256mm 이하의 것을 점토(粘土, clay)라고 한다. 일반적으로 점토는 장석(長石)이 화학적 풍화작용을 받아 형성된다.

| 선택운반설 | 選擇運搬說

하천구간별 하천 퇴적물의 크기를 설명하기 위한 학설 중의 하나로서 하천 퇴적물은 하천 운반에너지의 지배를 받아 이동된다는 학설. 이 설에 의하면 상류의 경우에는 하천에너지가 약해 무거운 돌들을 운반하지 못하며, 입자가 작은 모래나 실트, 점토 물질은 무게가 가벼워 멀리까지 이동되어 하류에 쌓이게 된다고 설명하고 있다. 이에 반해 하천 퇴적물질들이 하류로 내려가면서 작아진다는 이유를 하천운반 물질들이 서로 부딪쳐 깨지면서 작아진다는 데서 찾는 **마모설(磨耗說)**이 있다.

18. 용추계곡의 포트홀(경상북도 문경시)

는 것일까요?

하천 퇴적물의 크기는 하천 상류로 갈수록 점차 커지게 됩니다. 거꾸로 말하면 상류에서 하류로 내려갈수록 하천 퇴적물들의 입자 크기가 점차 작아집니다. 그럼 왜 상류에서 하류로 갈수록 하천 퇴적물의 크기는 점차 줄어들고 있는 것일까요? 이에는 여러 가지 학설이 있지만 보통 두 가지 설로 정리됩니다. 하나는 **선택운반설**이고 또 다른 하나는 **마모설**입니다.

선택운반설이란 상류하천 속에 들어 있던 무게가 가벼운 미세입자들이 하류로 씻겨 내려간 결과 상류에는 입자가 큰 무거운 돌들이, 그리고 하류엔 입자가 작은 모래들이 쌓이게 되었다는 것입니다. 즉 하천이 물질을 선택해 운반한 결과 그와 같은 현상이 일어났다는 것이죠. 이는 우리가 일반적으로 알고 있는 내용입니다.

하지만 마모설은 다소 생소한 이론입니다. 사실 최근에서야 그 중요성이 인정되고 있는 학설이죠. 쉽게 말하자면 크고 작은 돌들이 상류

19. 설악산 십이선녀탕 중에서 복숭아탕(강원도 양양군)

20. 화양계곡에 노출된 암반하상(충청북도 괴산군)

에서 하류로 운반, 이동되면서 서로 부딪쳐 깨질 수밖에 없었고 그 결과 상류에는 원마도가 낮은 거친 돌들이, 하류에는 원마도가 높은 작은 돌들이나 모래, 실트, 점토물질이 퇴적되어 있다는 것입니다. 하천에 널려 있는 깨진 돌들이나 매끈매끈한 자갈들이 바로 이런 마모설을 확인할 수 있는 증거들이죠.

설악산, 지리산을 비롯해 무주 구천동, 화양구곡과 같은 산지계곡에는 거의 돌들로 가득 차 있습니다. 아예 계곡 전체가 돌로 되어 있는 곳도 있죠. [20] 그 이유는 계곡이 점차 발달되면서 흙을 계곡 아래로 운반했기 때문입니다. 계곡은 절리가 무수히 지나간 곳을 중심으로 점차 크게 발달됩니다.

⭐ 흙 입자 구분법

여러분! 강가에 가서 흙을 한줌 주워 보세요. 그리고 손 안에 들어있는 흙 알갱이들이 어떤 크기를 갖고 있는지 눈여겨 보시기 바랍니다. 가지각색의 모양과 색깔을 띠고 있는 게 새삼 신기해 보이죠? 그럼 여기서 퀴즈 하나! 손바닥 위의 다양한 크기를 갖는 이 작은 흙 알갱이들을 어떻게 측정할 수 있을까요? 어! 크기를 잴 수 있다고?! 이렇게 생각하실지도 모르지만 흙 입자의 크기는 체(sieve)를 이용해 측정할 수 있습니다.

왜 '체친다'고 하잖아요~ 덩어리로부터 가루를 분리할 때 체친다고 하는데 가끔 공사장에서 체치는 장면을 볼 수 있습니다. 사각형의 철망판 위에다가 삽으로 흙은 퍼 담은 다음 앞뒤로 흔들어 체를 치면 콘크리트 재료가 되는 고운 모래나 잔자갈 같은 것들만 떨어지는… 여러분 손바닥 위의 흙들도 바로 입도분석용의 표준체를 사용해 그 크기를 잴 수 있답니다.

우리는 입도(粒度, particle size)를 보통 2mm의 지수값으로 표현합니다. 다시 말해서 입도분석 결과는 2^2mm, 2^0mm, 2^{-4}mm, 2^{-8}mm와 같은 방법으로 나타내는데 직경이 2^{-4}mm~2^{-8}mm, 즉 1/16mm~1/256mm의 직경을 갖

는 흙 입자를 실트(silt), 1/256mm 보다도 더 작은 흙 입자를 점토(clay)라고 합니다.

모래(sand)는 2^{-4}mm~2^2mm 사이의 크기를 갖습니다.

▲ 입도분석용 표준체

21. 풍부한 생태계를 이루고 있는 하천 퇴적물의 모습(경기도 남양주시)

'하천이 생물'이라는 증거는 바로 이런 하천이 퇴적해 놓은 크고 작은 다양한 종류의 하천 퇴적물을 통해 알 수 있습니다.[21] 하천에 어느 정도의 흙과 돌들이 쌓여 있는지 정량적으로 안다는 것은 매우 중요한 일입니다. 하천 관리에 필수자료가 되기 때문입니다. 하천 퇴적물을 제거하는 행위는 하천 생명을 완전히 죽이고 마는 결과를 초래할 것입니다.

여러분은 우리나라 중소하천은 고사하고 대하천조차 하상 구성물질의 조사 자료가 없다는 것을 알면 놀라실 것입니다. 하기야 하천을 무생물로 생각하고 하천 퇴적물을 골재로만 인식하고 있는 우리 사회의 자연관을 감안하면 하천 퇴적물 조사의 필요성을 역설한다는 것 자체가 사치스런 말일지도 모르겠다는 생각입니다.

⭐ 폭포가 의미하는것

산지 계곡에서 우리는 종종 폭포를 보게 됩니다. 폭포는 하천에 단차가 생길 때 만들어집니다. 단차란 폭포 상단과 하단 간의 고도 차이를 말합니다. 유명한 나이아가라 폭포를 생각해 보세요. 나이아가라 폭포는 에이레호에서 온타리오호로 떨어지는 약 60m의 낙차를 갖고 있습니다. 그런데 폭포를 만드는 단차는 어떻게 만들어지는 것일까요? 왜 폭포는 아무 곳에서나 볼 수 없는 것일까요?

한마디로 말해서 하천에 형성된 단차는 폭포가 떨어지는 곳의 암석과 그 밑의 암석간 단단한 정도에 서로 차이가 있을 때 형성됩니다. 폭포는 물이 떨어지는 힘에 의해 폭포 아래에 폭호(瀑壺)라는 물 웅덩이를 만들게 되는데 그 폭호가 점차 커지면서 상부 아래쪽으로 파 들어가게 되면 그 윗부분의 암석은 무게를 이기지 못해 아래로 떨어지게 되며 이 현상이 반복되면서 폭포는 상류 쪽으로 이동을 하게 되는 것입니다. 학자들에 의하면 현재 우리가 보는 나이아가라폭포는 수십만 년 후 미국의 버팔로시 바로 앞으로 이동해 있을 것이라고 추측하고 있습니다. 물론 폭포의 이동 속도는 떨어지는 물의 양에 비례할 것입니다. 한편, 이러한 단차는 하천을 가로지르는 단층작용으로도 형성되는데 물이 떨어지는 힘과 암석의 침식 저항력간의 함수가 결국 폭포를 발달시키는 중요한 변수가 되는 것입니다.

제주도의 정방폭포나 천제연, 천지연과 같은 폭포는 화산분출이나 지반의 융기와 관련된 형성원인이 있지만 강원도 철원군의 삼부연 폭포와 같은 우리나라의 크고 작은 폭포들은 대개 이러한 단차가 만든 것이라 생각해도 좋습니다.

비록 눈으로는 볼 수 없는 속도지만 폭포는 점차 상류 쪽을 향해 움직인다는 것을 현장에서 친구들과 같이 얘기해 보시기 바랍니다. 아마도 자연에서의 대화 내용이 훨씬 풍부해질 것입니다.

▲ 나이아가라폭포의 전경 (캐나다)

▲ 삼부연폭포(강원도 철원군)

▲ 정방폭포(제주도)

03 편안해진 중류부의 하천 모습들

자… 이젠 강 하류 쪽을 향해 조금 내려가 볼까요? 상류 얘기만 하다가는 영영 강 아래로 내려갈 수 없을 것 같습니다.

하천 중류로 내려오면 하천 옆으로 넓게 펼쳐진 논밭을 볼 수 있습니다[22~25]. 폭이 그리 넓지 않은 개울 옆으로 펼쳐진 이 평탄한 지형은 아주 오랜 옛날에 하천이 흘렀던 **하안단구**(河岸段丘, river terrace)라고 하는 지형입니다. 현재 하천이 단구면 위로 흐르지 않고 있는 이유는 유로 변경과 하천 하각(河刻)작용으로 인해 단구면 아래로 흐르고 있기 때문입니다. 하안단구는 융기가 일어나는 지역일 경우 더욱 잘 발달됩니다. 왜냐하면 하천의 하방침식 속도가 그만큼 커지기 때문이죠. 뭘 이런 것까지 알아야 하느냐고 물으실지 모르지만 사실 '아는 것만큼 보인다'는 말도 있잖습니까? 하천 양쪽에는 대개 하안단구라

| 하안단구 | 河岸段丘, river terrace |

하천 주변을 따라 발달된 계단상 퇴적지형. 아래 사진은 빗물이 땅 위를 흘러가며 만들어놓은 하안단구를 찍은 것이다. 규모는 다르나 대하천변의 하안단구 역시 같은 원리에 의해 형성된다.

22. 계단 모양의 하안단구(경상북도 영양군)

23. 빗물이 만든 하안단구 실험

24. 실상사 하안단구(전라북도 남원시)

는 평탄한 하천지형이 발달되어 있는데 이점을 안다는 것은 매우 중요한 일입니다.

지리산 북쪽 자락에 신라 시대의 사찰인 실상사가 있습니다. 이 절로 들어가려면 아주 드넓은 논을 지나야 하죠. 산지 계곡에 어떻게 이런 평탄한 지형이 있을까 궁금할지 모르겠지만 이것이 바로 하안단구라는 지형이랍니다.[24] 남강이 만들어 놓은 이 실상사 단구는 학계에서도 널리 알려진 유명한 단구이니 기회가 되면 직접 한번 가 보기 바랍니다.

여러분은 한동안 댐을 지어야 된다 안된다 하며 온나라를 떠들썩하게 했던 동강을 기억하시는지요? 워낙 개발하려는 측과 보존하자는 측의 의견대립이 심했던 탓에 누구나 잘 알고 있을 겁니다. 그럼 저와 함께 동강으로 나가 볼까요? 동강에는 볼거리들이 아주 많이 있답니다. 사실 동강 하나만으로도 최고의 '하천 지리여행'을 할 수 있는 장소가 된답니다.

25. 하천변에 발달되어 있는 하안단구면(화살표)(경상남도 거창군)

26. 동강변의 석회암 수직절벽(강원도 정선군)

동강이 흐르고 있는 지역은 석회암 지대입니다. 바로 이 석회암 지대에 대규모 다목적댐을 짓겠다고 해서 문제가 되었었죠. 시멘트 원료로 사용되는 석회암은 물에 쉽게 녹는 성질을 갖고 있습니다. 물론 하루 아침에 녹는 것은 아니지만 아주 오랜 시간이 지나면 석회암은 물에 녹습니다. 바로 이런 석회암 성질이 동강댐 건설에 문제점을 제기하게 했던 것이죠. 석회암의 용식작용에 대해서는 이미 '석회암 지리여행'편에서 살펴본 바 있습니다.

현재 동강이 흐르고 있는 지역은 과거엔 바다였습니다. 지질시대로 말하자면 고생대에 해당되는, 좀 더 자세히 말하면 4억 년 전후의 고생대 조선계에 형성된 지층이 융기한 결과 지금의 동강 유역이 만들어지게 된 것이죠.

융기가 진행되는 동안 이 지역은 비바람으로 많은 침식을 받았을 것입니다. 물론 이 지역 내부도 많은 침식을 받았겠죠. 땅 속으로 흘러들어간 지하수가 석회암을 천천히 녹이기 시작했겠고요. 이곳을 흐르던 동강도 **측방침식**에 의해 유로를 바꾸며 석회암을 계속 깎아 내려갔고 또 땅은 융기해 올라갔고… 이러한 현상이 복합적으로 반복

| **하방침식** | **下方侵蝕 downward erosion**
하천의 바닥을 깎는 침식작용

| **측방침식** | **側方侵蝕 lateral erosion**
하천의 양쪽 제방을 깎는 침식작용

27. 곡류하는 동강(강원도 정선군)

28. 감입곡류하고 있는 내린천(강화도 인제군)

29. 사행천(몽골 울란바토르)

된 결과 지금 우리가 볼 수 있는 동강의 수직절벽이 생겨난 것입니다. [26, 27] 동강의 절경인 이 절벽은 바로 동강의 형성 과정을 말해주고 있습니다.

동강이 절경인 이유는 또 있답니다. 바로 동강이 굽이치고 있다는 사실이죠. [27] 이를 **사행천**(蛇行川, meander)[29]이라고 부르는데 바로 이것이 동강의 큰 매력이랍니다. 하천이 일직선으로 흐른다고 생각해 보세요. 그다지 아름다움을 느낄 수 없을 겁니다. 동강이 상류하천이지만 곡류를 하는 것은 바로 이 지역의 지반 융기 현상 때문입니다. 이와 같이 하천 상류 지역의 지반 융기와 함께 만들어진 사행천을 **감입곡류천**(嵌入曲流川, incised meander)[27, 28]이라고 부릅니다.

하천이 굽이치며 흐르면 깎여서 없어지는 곳과 쌓여서 올라오는 곳이 생기게 됩니다. 강물이 부딪히는 곳을 공격사면이라 하고 흙과 모래, 자갈 등이 쌓이는 곳을 건설사면이라고 합니다. 공격사면의 수심은 깊어서 다이빙 놀이(이곳을 pool이라고 부릅니다.)를 하기도 하고 건설사면은 텐트를 치기 알맞은 곳이어서 야영장으로 사용되기도 하죠. 이렇게 많은 흙과 자갈로 쌓여진 하천변 볼록한 지형을 **포인트바**(point bar)라고 부릅니다. [32]

그런데 포인트바를 잘 보면 모래나 자갈만으로 이루어진 곳도 있습

| 사행천 | 蛇行川, meander
뱀이 기어가는 듯한 모양을 띠고 있는 하천. **곡류천**(曲流川)이라고도 한다. 하천 하류의 넓은 평야지대를 구불구불 기어가는 곡류천을 **자유곡류천**(自由曲流川, free meander)(사진 28), 하천 상류의 산지지역에서 곡류하는 하천을 **감입곡류천**(嵌入曲流川, incised meander)이라고 한다. 감입곡류하천은 지반의 융기에 따른 하각작용의 결과로 형성된 것이다. 강원도 동강(東江)은 감입곡류천의 대표적 예이다.

| 포인트바 | point bar
하천의 건설사면에 퇴적되어 있는 자갈과 모래 지형

30. 동강가의 가지런히 놓인 자갈(강원도 영월군). 이러한 자갈 퇴적지형을 그라벨바(gravel var)라고 한다.

31. 동강 석회암 절벽에 나타난 빗물이 흘러나온 흔적(강원도 영월군)

니다. 지역에 따라 서로 다르게 분포하죠. 보통 물살이 빠른 곳에선 자갈밭이, 느린 곳에서는 모래톱이 만들어진답니다. 재미있는 것은 자갈밭에 쌓여진 자갈들은 강물의 흐르는 방향을 따라서 일정하게 가지런히 놓여 있다는 점입니다.[30] 여러분도 현장에서 이를 꼭 한번 관찰해 보도록 하세요. 그리고 사진도 한 장 멋있게 찍어보기 바랍니다.

동강변 석회암 절벽 전면에는 옛날 동강이 만들어 놓은 침식지형이 있습니다. 하천이 흐르며 석회암 여러 곳을 용식해 놓은 것이지요. 또 이 절벽을 잘 보면 세로로 흰자국들이 만들어져 있는데 이는 땅속으로 흘러 들어간 빗물이 절벽 속으로부터 흘러나온 자국들이랍니다.[31]

32. 동강의 포인트바(강원도 정선군)

⭐ 선상지란 무엇인가?

선상지(扇狀地, alluvial fan)란 '급경사의 산지계곡 상류로부터 씻겨 내려온 토사가 하류부의 평지와 만나는 부근에 쌓여 만들어진 부채꼴 모양의 퇴적지형'을 말합니다. 많은 토사가 쏟아져 내려오기 위해서는 큰 비가 필요할거구요. 계곡물에 쓸려 힘차게 하류로 내려가다 쌓이려면 경사가 완만한 평탄지도 필요할 겁니다. 그래야만 '쏴~!' 하면서 좌우 넓은 범위에 걸쳐 흙을 퍼뜨리게 될테니까요. 선상지가 보통 부채꼴 모양을 하고 있는 것도 이런 이유 때문입니다. 아! 흙을 많이 쏟아내려면 비도 많아야겠지만 산에 나무가 없어야겠네요. 즉 선상지 발달은 강수량과 식생, 하천경사, 경사 급변점 등에 좌우됨을 알 수 있습니다. 참고로 우리나라의 경우에는 험한 산들이 그리 많지 않고 경사의 급변점이 적어 선상지를 쉽게 볼 수 없답니다. 선상지는 강이나 바다와 만나는 곳에서도 만들어집니다. 계곡에서 쏟아진 흙이 강이나 바다 속에 쌓여 위로 올라올 경우에도 부채꼴 모양의 선상지는 만들어집니다. 그 일례로 경상남도 사천시 용견면에서는 사천만을 향해 발달된 선상지를 볼 수 있습니다(사진). 이른바 사천선상지라고 하는 것인데요~ 도로지도첩에서도 찾을 수 있으니 한번 확인해 보시기 바랍니다.

중요한 것 한 가지! 선상지가 시작되는 상부지역을 선정(扇頂), 선상지 중앙부를 선앙(扇央), 말단부를 선단(扇端)이라고 부른답니다. 보통의 경우 마을은 선단에 만들어집니다. 그 이유는 선단이 다른 곳보다 지하수가 풍부해 용수 확보에 용이하기 때문이죠. 왜 선단에 물이 풍부하냐구요? 그건 계곡 상류로부터 흘러온 계곡물이 선상지로 흘러나오면서 선상지 땅 속으로 스며 들어가기 때문입니다.

이상 선상지에 대해 설명 드렸습니다만 사실 우리가 선상지 위에 서있다 하더라도 이게 선상지인지 알아차리기는 어렵습니다. 그만큼 선상지란 규모가 커서 한눈에 볼 수 없다는 뜻이 되겠네요. 물론 이는 삼각주의 경우도 마찬가지지만요.

▲ 강우시 흙더미 아래에 선상지가 만들어지는 모습

▲ 사천시 선상지의 일부 모습(경상남도 사천시)

04 하류의 드넓은 퇴적지형

| 자연제방 | 自然堤防, natural levee

하천 상류로부터 운반된 모래가 **하도**(河道, channel; 하천의 물길) 좌우에 쌓여 만들어진 높은 지대. 홍수가 발생해 하천으로부터 물이 넘칠 경우 하천 주변에는 유속이 빠르기 때문에 모래와 같은 비교적 조립물질이 다량으로 쌓이며, 하도로부터 멀리 떨어질수록 유속이 느려지는 관계로 실트와 점토 같은 미세립질이 소량 퇴적된다. 이러한 현상이 반복될 경우 하도를 따라 고도가 높은 퇴적지형이 형성되게 되는데 이를 자연제방이라고 한다. 우리나라의 경우 자연제방의 높이는 보통 5m 내외이다.

| 배후습지 | 背後濕地, backmarsh

자연제방의 배후에 펼쳐지는 저지대의 습지. 하천과 하천 사이의 저지대나 하천과 하안단구 사이의 저지대에는 실트, 점토 등의 퇴적물로 구성되어 배수가 불량해 습지가 형성된다.

이제는 본격적으로 하천 하류로 내려가 볼까요? 하천 하류는 상류보다 하천폭이 넓고 수심도 깊어집니다. 하천유량도 많아지지요. 이 하천 하류에서는 하천의 침식작용보다는 퇴적작용이 활발히 일어나는 구간이기도 합니다. 하천 하류로 내려갈수록 하폭은 넓어지고 유량도 많아지는데 재미있는 것은 유속도 빨라진다는 점입니다.

하천 중류와 하류 구간은 상류 구간보다 볼거리가 그리 많은 편은 아닙니다. 하천 중류부터 하류 구간으로는 하천에 자연제방이 발달하기 시작합니다. **자연제방**(自然堤防, natural levee)이란 하천 양옆의 지대가 높은 곳을 말하는데 홍수가 반복되면서 하천 양옆으로 흙이 쌓이며 둑이 만들어지게 됩니다.

예부터 사람들은 자연제방 부근에 집을 짓고 살아왔습니다. 왜냐하면 지대가 높아 홍수를 피할 수 있기 때문입니다. 자연제방 뒤쪽으로는 논으로 사용되는 평탄한 범람원이 나타나고 범람원 곳곳에는 습지가 형성되어 있습니다. 그러나 최근엔 도시화로 말미암아 자연 상태의 하천 퇴적지형이 크게 훼손되어 하천 주변에서 **배후습지**를 찾아보기가 여간 어렵지 않습니다.

경기도 구리시 한강변에는 토평(土坪)이라는 범람원 지역이 있습니다. 이 지역은 과거 한강과 왕숙천이 만들어 놓은 범람원에 해당하는 지역인데 지금은 아파트가 들어서 있지만 아파트가 들어서기 전까지만 해도 이곳은 항상 물로 질퍽거렸던 습지였습니다. 아차산 줄기에서 흘러내려온 지표수와 지하수로 항상 지표면이 물에 잠겨 있었죠. 이 토평 지역은 서울시 근교에서 습지를 볼 수 있던 흔치 않은 곳 중의 하나였습니다. [33, 34의 화살표] 한편, 홍수 때 하천이 범람하면 하천이 운반하던 토사가 퇴적되어 기름진 평야를 만듭니다. 우리나라의 큰 평야들을 아시죠? 한번 그 이름들을 말해 보시기 바랍니다.

하류로 내려갈수록 하천이 모래로 가득 차 있는 것을 볼 수 있습니다. 1995년 지방자치제 실시 이후 나타난 무분별한 개발 결과 수많은 공사현장에서 씻겨 내린 흙들이 하천 속으로 들어갔기 때문입니다. 예를 들어 경기도 여주, 이천 일대의 작은 하천들은 거의 모두 모래가 가득 쌓여서 하천 기능이 상실되고 있습니다. 우리는 주변의 평지보다 하상이 높은 하천을 **천정천(天井川)**이라고 부릅니다.[36] 마사토(磨砂土)라고 하는 화강암 풍화토가 두껍게 발달된 경기도 여주, 이천 지역의 크고 작은 하천에는 다량의 모래가 쌓여 있어 곳곳에서 천정천을 발견할 수 있습니다. 이러한 천정천은 호우시 범람으로 인한 홍수를 방지하기 위해 준설작업을 해두어야만 합니다.

하천 하류 지역에는 많은 지류들이 하천 본류로 유입되고 있습니다. 한강의 경우를 보더라도 남한강과 북한강이 합류되는 양수리부터 아래로 왕숙천, 성내천, 중랑천, 탄천, 홍제천, 안양천 등의 많은 도시

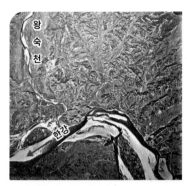

33. 한강과 왕숙천의 합류지점에 발달한 한강의 범람원(1962년)

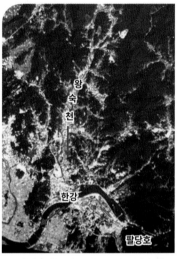

34. 한강과 합류하는 왕숙천의 위성사진(1990년). 화살표 부분이 경기도 구리시 토평동이다.

35. 도시하천인 양재천(서울시 강남구)

156

36. 천정천(경기도 이천시). 강 가운데 많은 양의 모래가 쌓여 있다.

하천들이 유입되고 있습니다. 이러한 하천들에는 직강 공사나 인공 제방 공사가 이루어져 자연의 모습이 거의 남아있지 않습니다.[35] 도시하천도 우리가 큰 사랑을 갖고 지켜봐야 할 우리의 하천입니다.

하천 하나를 정해서 본류의 최상류로부터 하류까지 차를 타고 훑어보면 어떨까요? 본류 어느 곳에 어떤 지류가 유입되고 있으며 지류가 흘러드는 지점의 지형은 어떻게 생겼는지 5만 분의 1 지형도를 펴고 한번 잘 살펴보기 바랍니다. 아마도 이런 목적으로 하천을 둘러보는 사람은 거의 없을 것입니다. 하천 전문가 중에서도 아주 극소수에 불과할 것입니다.

[경기도 가평군 북면 도대리]

돌 항아리의 장관

- 가평천 돌개구멍 -

서울시 가까이 있으면서 하천 침식지형을 잘 관찰할 수 있는 곳 한 군데를 소개하겠습니다. 경기도 가평군 북면 도대리. 가평읍내에서 북쪽 명지산 방향으로 한 20분 정도 차를 타고 올라가다 왼쪽으로 보이는 명지천 계곡이 바로 그곳입니다. 도대리와 백둔리로 갈라지는 지점의 상류를 바라보시면 됩니다.

현장을 가면 편리가 잘 발달된 편마암이 하천 수류에 의해 깊게 깎여 있는 포트홀을 볼 수 있습니다. 전체 규모는 그리 크지 않았지만 장관이더군요. 엄청난 홍수의 위력을 느낄 수 있는 아주 좋은 학습장이었습니다. 과연 저런 지형이 만들어지기까지 어느 정도의 시간이 필요했을까요?

홍수 때 불어난 급류가 하천에 퇴적되어 있던 사력을 제거하며 기반암을 노출시켰고… 그후에도 계속 깎아내 지금과 같은 모양을 만들었습니다. 그런데 아까도 말했지만 이렇게 되기까지 얼마나 긴 시간이 필요했을까요? 음… 그건 이 지역 산지계곡의 발달 과정을 연구해야 답이 나오겠네요. 아무튼 이곳에선 그야말로 엄청난 스트림파워(stream power)를 느낄 수 있었습니다. 한번 가 보시기 바랍니다. 아이들이 아주 신기해할 것입니다. 가족나들이로도 그만이겠죠?

▲ 다양한 모양의 포트홀군(群)이 발달되어 있는 가평천 계곡

▲ 돌개구멍이 위치한 가평천의 모습

[경상남도 김해시 강서구; 사하구]

낙동강 하구

- 김해시 삼각주와 사주 -

▲ 낙동강 해안사주

　낙동강… 하면 '우리나라 유일의 삼각주'로 잘 알려져 있는 강입니다. 강이 바다와 만나는 지점에 상류로부터 옮겨진 흙들을 쌓아 만든 퇴적지형을 삼각주(三角洲)라고 합니다. 삼각형 모양으로 생겼다고 해서 영어로는 '델타(delta)'라고 하죠. 부산시 김해국제공항이 바로 이 낙동강 삼각주 한가운데에 해당하는 지점에 위치해 있어 우리는 공항 착륙 전 비행기 왼쪽 창을 통해 오른쪽 맨 위 사진과 같은 광활한 낙동강 삼각주를 볼 수 있습니다.

　이 삼각주를 관통한 낙동강이 바다로 흘러드는 지점에는 모래가 쌓여 생긴 긴 모양의 사주가 형성됩니다. 사주(砂洲, bar)란 바다로 흘러들어간 모래가 파도에 의해 해안 돌출부로 다시 밀려와 해안가에 길게 쌓인 퇴적지형을 말합니다. 도로지도를 펴고 낙동강 최하류 부근에서 대마등, 나무싯등…이라고 하는 섬들을 찾아 보세요. 바로 이들이 사주라고 하는 퇴적지형이랍니다. 손등, 발등, 콧등 하는 것처럼 '등'이라는 말은 주변보다 약간 볼록하게 솟아오른 부위를 말하는데 이들 사주도 해수면 위에 드러나 있는 지형이라는 의미에서 '등'이라는 이름이 붙어 있습니다.

오른쪽 사진을 보면 사주의 끝부분이 조수(潮水)의 영향으로 내륙쪽(사진의 오른쪽 방향)으로 휘어진 것을 볼 수 있는데 이것으로 보아 낙동강이 밀고 내려가는 힘보다 바닷물이 치고 올라오는 힘이 더욱 세게 작용하고 있다는 것을 알 수 있습니다. 그러니 사주 끝이 낙동강 상류 방향으로 휠 수밖에요. 을숙도의 경우도 1987년부터 낙동강 하구언이 건설되어 낙동강의 흐름이 거의 막히는 바람에 상류 방향으로 오그라든 모양이 생길 수 있습니다.

그런데 재미있는 것은 이 사주가 낙동강을 막으려 하고 있다는 점입니다. 낙동강이 쏟아내는 막대한 양의 토사로 인해 사주들이 점차 성장하여 지금의 삼각주와 붙으면 삼각주의 넓이는 앞으로 점점 더 커질 것입니다. 이같은 현상이 반복되면 여기엔 새만금 같은 간척사업이 필요 없을 것입니다.

최근에 낙동강의 토사유출이 큰 환경문제로 부각되고 있습니다. 개발로 인한 내륙 지형의 훼손이 토사유출을 심화시키는 원인이 되고 있습니다. 하천 상류지역의 지형 훼손이 하류에 이런 엄청난 지형 변화를 일으킨다는 것! 자연이 가르쳐 주는 큰 교훈으로 삼아야 할 것입니다.

▲ 낙동강 삼각주(위)와 낙동강 하구에 발달된 해안사주(아래)

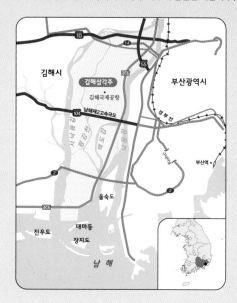

TIPS
03

회돌이치는 멋진 강을 보자

- 회룡포 -

▲ 전망대에서 바라본 회룡포의 전경(화살표 부분이 미앤더네크)

여러분⋯ 우리나라에서 곡률도(曲率度, 하천이 굽어진 정도)가 제일 큰 하천 구간은 어디일까요? 많은 분들이 위 사진을 한번쯤은 보았겠지만, 바로 이 지점이 우리나라에서 곡류가 제일 심한 지역으로 낙동강 지류인 내성천의 '회룡포'라는 곳입니다. 의성포라고 부르기도 하지만 회룡포가 정식 지명입니다. 어떻습니까? 하천이 살아 숨 쉬고 있는 것 같지 않으세요?

강이 곡류하면 뱀이 구불거리는 모양을 하게 되는데 구불거리는 물줄기가 좁혀진 부분을 미앤더네크(meander neck)라고 부른답니다. 이 사진의 경우 공

격사면의 측방침식이 조금만 더 일어나면 목(neck)이 잘려 나갈 것 같은 느낌입니다. 목(neck)이 잘려 나간 후 물이 고이게 되면 우각호(牛角湖, oxbow lake)가 만들어지게 됩니다.

이러한 자연사행(自然蛇行, free meander)은 사실 넓은 평야지역에서 잘 발달됩니다. 우리나라의 경우 경기평야나 호남, 나주평야에서 이런 자유곡류천(自由曲流川)이 잘 발달되어 있습니다. 하지만 지금은 하천 직강 공사가 수십 년간 진행되어 온 탓에 자유 곡류하는 하천을 거의 볼 수 없게 되었답니다. 하천

을 일직선으로 만든 이유는 물을 빨리 바다로 흘려 보내 홍수를 예방하려는 것인데 사실은 직강하천일수록 홍수 위험도가 더 커지고 있다는 게 최근의 연구 결과입니다.

이 내성천에는 얼마나 모래가 많이 흘러가던지 말도 못할 지경이었습니다. 직접 강 아래로 내려가 모래를 만져보니 바다 모래보다는 좀 거칠지만 그래도 아주 고운 모래가 가지런히 쌓여 있었습니다. 모래가 쌓인 부분을 건설사면, 공격받는 부분을 공격사면이라 부르는데 하천은 건설사면에 반드시 모래와 자갈이 퇴적되어 있어야 자연스럽습니다.

그런데 낙동강에는 요즘 필요 이상의 토사들이 강바닥에 쌓여 아주 골치라고 합니다. 필요 이상의 토사가 퇴적되면 홍수 범람에 취약해지는 등 하천생태계에 치명적인 영향을 주게 됩니다.

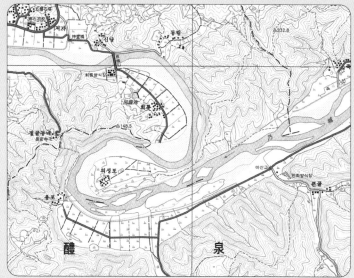

◀ 지형도상에 나타난 회룡포. 지도상에는 의성포로 표기되어 있으나 의성군에 있다는 느낌을 주지 않기 위해 예천군에서는 회룡포라 부르고 있다.

해안 침식지형인 강원도 추암 인근의 시스텍

Chapter 05

바다
지리여행

끝없이 펼쳐진 푸른 바다, 점점이 떠 있는 섬,

하얀 모래 위에 끊임없이 다가와 부서지는 파도,

낙조에 물들어가는 갯벌, 기암괴석이 늘어선 바닷가 절벽...

바다를 생각하면 떠오르는 것들이지요.

바다 지리여행을 통해 대자연이 빚어낸 신비한

해안지형을 보는 새로운 눈을 길러보세요.

바다 이야기

산을 보고 강도 봤으니 이젠 저 아래로 내려가 바다를 볼 차례인 것 같습니다. '바다…' 하면 왠지 모르게 괜히 맘이 설레지요… 방학 때가 되면 바다를 떠올리며 '올해는 어느 바다로 갈까?' 고민하던 즐거운 추억들이 있으실 겁니다.

여러분은 바다라는 말을 들었을 때 제일 먼저 무엇을 생각하시나요? 끝없는 수평선과 흔들리는 거대한 옥빛 물결일까요? 아니면 하얀 모래밭과 파란 파라솔이 어우러진 강렬한 햇빛일까요. 아니면 기러기 춤추는 짠내와 비릿함이 뒤섞인 한적한 어촌일까요… 어쩌면 지난여름 맛있게 드셨던 생선회를 생각하실지도 모르겠네요.

물론 이 모든 것들은 바다가 우리에게 주는 둘도 없는 기쁨입니다. 바다와 부담 없이 마냥 동화될 수 있다는 것은 자연이 우리에게 주는 큰 혜택이죠. 그런데요~ 여러분은 바닷가에 가시면 정말 뭘 보고 오시나요? '응? 뭘 보냐구? 그냥 바다 보잖아?' 하고 되물으실지도 모르지만… 만일 바닷가에서 황량한 먼 바다만을 어렴풋하게 쳐다보고 오신다면 왠지 서운함이 많이 남을 것 같습니다. 왜냐하면 약간의 관심만으로도 우리는 바닷가에서 아주 많은 것들을 발견할 수 있기 때문입니다.

만약 우리가 해안지형을 알고 본다면 바다와 함께 하는 시간이 더욱 크게 다가올 것입니다. 우리가 살고 있는 이 땅이 바다에 둘러싸인

▲ 휴휴암(강원도 양양군)

▲ 시스텍 지형인 제부도의 매바위(경기도 화성시)

▲ 동해의 푸르른 바닷물(강원도 속초시)

반도국임에도 불구하고 우리의 해안경관을 너무 모르고 있다는 생각입니다. 예를 들어 정동진(正東津)에 가서 우리나라 최대의 해안단구를 보고 오는 분들이 과연 몇이나 될까요?

울릉도 해안은 왜 경사가 급한 절벽이 많으며 바닷가엔 모래가 없는지를 생각해 보면 어떨까요? 제주도 해안에 쌓인 모래가 실은 자잘하게 부서진 조개껍데기라는 것을 안다면 여행의 재미는 한층 더 커질 것입니다. 서해안과 남해안의 굴곡진 해안선을 직접 느껴본다던가, 파도가 빚어놓은 침식지형과 퇴적지형을 눈여겨보는 것도 참다운 지리여행이 될 것입니다.

자… 그럼 여러분~ 이같은 궁금증을 갖고 우리 함께 바다로 나가볼까요? 지금부터 바다에서 볼 수 있는 것들에 대해 하나하나씩 소개해 드리도록 하겠습니다.

01 동해안? 서해안? 남해안?

여행을 본격적으로 시작하기 전에 시원한 바다 사진을 한 장 보고 갈까요?[1] 새파란 바다가 아주 멋지죠? 우리나라는 삼면이 바다로 둘러싸인 반도국으로 본격적인 바다 여행에 앞서 우리나라 해안선에 대한 말씀부터 드려볼까 합니다. 여러분이 잘 아시는 것처럼 한반도는 단조로운 동해안과 구불구불한 서해안, 남해안을 갖고 있습니다. 자… 그럼 이 사진은 어느 해안을 찍은 것인지 한번 맞춰 보실까요?[2] 동해안일까요? 서해안일까요? 남해안일까요? 무엇을 보면 사진만으로도 어느 해안을 찍은 것인지 짐작할 수 있을까요? 결론부터 말씀드리면 사진에 나타난 해변의 넓이와 해안경사, 해안 퇴적물의 종류, 그리고 해안선의 굴곡 정도를 보면 동해안인지, 서해안인지, 남해안인지를 알 수 있답니다.

1. 동해안(강원도 속초시)

우선 동해안은 동쪽으로 치우쳐 있는 태백산맥 때문에 해안 경사가 급하며 바닷가 면적이 좁습니다. 즉 해안의 발달이 미약하다는 것이

2. 맹방해수욕장(강원도 삼척시)

3. 동해안 사빈(강원도 속초시)

4. 안면도의 드넓은 사빈(충청남도 태안군)

| **사빈** | **沙濱, sand beach**
바닷가 모래사장. 해안은 자갈, 모래 등으로
이루어진 퇴적해안과 암석으로 이루어진 암석
해안으로 구분된다. 사빈은 퇴적해안의 일종
으로 모래가 쌓인 해안을 말한다.

죠.[2, 3] 한번 동해안 해안도로를 따라 달려 보세요. 아마 여러분도 몇 몇 이름난 해수욕장을 제외하곤 해변이 그리 넓지 않음을 금방 아실 수 있을 겁니다. 남해안의 경우도 낙동강 하구의 다대포 부근을 제외 하곤 대체로 해안의 발달이 미약합니다. 바다와 산지가 맞닿아 있어 넓은 사빈을 갖는 해안선을 찾기가 그리 쉽지만은 않죠.

하지만 이와는 달리 서해안은 아주 넓고 평탄한 해변을 갖고 있습니 다. 물 빠진 서해안을 생각해 보세요. 한 여름 안면도나 만리포, 대천 해수욕장과 같은 해수욕장에서 썰물시 넓은 **사빈**(沙濱, sand beach)을 밟으며 바다로 들어가기란 여간 고역이 아니죠.[4] 해변의 넓이는 해안 경사에 따라 큰 영향을 받습니다. 해안경사는 해안가에 위치한 산지 의 발달 정도와도 깊은 관련이 있죠. 물론 산지가 해안가에 위치할수 록 해변의 면적은 좁아지게 됩니다. 해안경사가 완만한 서해안의 경우는 사빈이 매우 잘 발달되어 있습니다.

두번째로 갯벌과 자갈의 존재 유무가 서해안인지 동해안인지 남해안인지를 판단케 하는 기준이 됩니다. 잘 아시는 바와 같이 동해안에서는 갯벌을 전혀 볼 수 없습니다. 그 이유는 동해안의 경우엔 황허나 양쯔강처럼 중국에서 다량의 점토질 토사를 유출하는 큰 강이 없을 뿐더러 동해는 서해처럼 폐쇄된 **만(彎, bay)**으로 되어 있지 않기 때문입니다.

참고로 중국의 하천들이 왜 그처럼 많은 토사를 쏟아내고 있을까요? 황사의 근원지이기도 한 중국 서부내륙의 대륙성 건조기후 지역에 분포하는 황토층 때문입니다. 특히 황허강 유역의 황토고원에는 고비사막으로부터 바람에 날려와 쌓인 두께 100m 내외의 **뢰스(loess)층**[5]이 분포하고 있는데 그곳에 내린 비가 토양을 침식시켜 막대한 양의 황토를 하천으로 흘러들게 한답니다. 그래서 우리의 서해안이 그 영향을 직접적으로 받아 갯벌이 많이 형성되었죠.

사실 서해안의 경우 넓은 해안이 모래로만 되어 있는 지역은 충청남

| 만 | 灣, bay

해안선이 내륙쪽으로 오목하게 들어가 있는 해변. 바다쪽으로 돌출된 해안과는 달리 만에서는 파랑에너지의 영향을 거의 받지 않아 모래, 실트 등의 세립물질이 쉽게 퇴적된다. 만은 허드슨만, 벵골만 등 대륙 스케일에서부터 길이가 수백 미터 정도의 작은 것까지 다양한 크기를 가진다.

| 뢰스 | loess

실트질의 황색 풍성퇴적물(風成堆積物). 원래는 독일의 라인강 주변에 발달된 빙하성 주변지역의 퇴적물에서 유래. 중국의 경우에는 이를 황토(黃土)라 부르고 있는데 유럽과는 달리 중국 북부의 황토고원은 고비사막으로부터 날라온 뢰스에 의해 형성된 것이다.

5. 황토고원(중국 둔황). 바람에 날린 황토가 쌓여 뢰스층을 이룬다.

6. 염생습지(충청남도 서산시)

✪ 도대체 황해야? 서해야?

혹시 이런 궁금증을 갖고 계신 분들이 많을 것 같아 한 말씀 드릴까 합니다. 지도책을 들춰보면 우리나라 서쪽 바다 이름이 '황해(黃海)'로 표기되어 있습니다. 영문의 'Yellow Sea'를 직역한 것이죠. 하지만 중국의 황허와 양쯔강이 뱉어내는 누런 부유토사가 만든 바다 이름을 우리의 서쪽 바다 이름으로 부르긴 좀 석연치 않다는 생각입니다. 세계 곳곳에서 '일본해'로 불리는 '동해(東海, East Sea)' 이름 바로잡기 운동이 한창인 지금 '황해'라는 중국식 명칭을 그대로 수용해 부른다는 것

도 적절치 않으려니와 우리가 일상에서 서해안이라고 부르고 있듯이 '서해(West Sea)'를 '황해' 대신 부르는 것이 좋겠다는 생각입니다. '동해'와 '남해(South Sea)'의 해안을 각각 '동해안'과 '남해안'이라고 부르듯이 말입니다. 예컨대 북한과의 해상 충돌이 생길 경우 우리는 '서해교전'이라고 하지 '황해교전'이라고 부르지는 않습니다. 서해안 고속도로, 서해대교, 서해안 시대 등… 새삼 말해 무엇하겠습니까? 참! 이참에 영어 표기도 바꿔보면 어떨까요? 'Donghae', 'Seohae', 'Namhae'

라는 한글 발음으로 영어 표기를 하자고 주장한다면 어떨까요?

▲ 한반도 위성사진

✪ 갯골(tidal channel)이란?

갯벌에 길게 나아있는 물고랑. '갯고랑'이라고도 합니다. 갯벌에서는 밀물과 썰물 시 바닷물이 드나들면서 해안에 V자 모양의 물길을 만드는데 이러한 갯골은 하천수가 빠져나가는 하도의 역할을 하기도 합니다. 갯골이 잘 발달된 경우는 깊이가 10m를 넘어 썰물 때 이곳에서 놀던 아이들이 밀물이 들어오는 것을 모르고 있다가 변을 당하는 수가 있어 갯골로 들어가는 것은 매우 위험하지요. 우리나라 서해안 곳곳에서는 갯골을 쉽게 볼 수 있습니다. 사진은 강화도에서 찍은 갯골의 모습입니다.

▲ 갯골(인천시 강화군)

7. 순천만 하구(전라남도 순천시)　　　　　　　　　　　**8.** 함평군 갯벌(전라남도 함평군)

도 해안 정도나 될까요? 충청남도 태안군에서 서천군까지의 해안을 제외한 대부분의 해안에는 많은 펄이 퇴적되어 있습니다. 특히 강화도 인근 지역과 전라남북도 해안 일대에는 넓은 갯벌이 분포되어 있죠.[7, 8]

남해안의 경우도 사빈을 찾아보기는 어렵답니다. 왜냐하면 많은 모래를 공급하는 큰 강이 없기 때문입니다. 모래를 생산해 내는 화강암과 같은 암석이 섬진강 상류에 넓게 분포되어 있지 않은 것도 한 원인이 될 수 있겠네요. 전라남도 동천 하구의 순천만 일대는 폐쇄된 만의 지형적 영향으로 우리나라에서도 유명한 갯벌지대가 형성되어 있습니다.[7]

한편, 남해안 곳곳에서는 **자갈해안**을 쉽게 볼 수 있습니다. 전라남도 완도군의 구계등과 경상남도 거제도의 학동 몽돌 해수욕장 등과 같은 곳이 그 대표적인 곳으로 해안 절벽에서 풍화와 침식에 의해 바닷가로 떨어진 암석이 파도에 의해 서로 부딪치면서 둥근 자갈 모양을 하고 있죠.[9, 10] 물론 수백 년의 세월이 지나면서 자갈의 크기는 점차

| **자갈해안** |
| 자갈로 이루어진 해안. 대부분의 해안은 모래로 구성된 사빈이나 해안에 모래가 쌓일 지형적 조건이 안될 경우에는 해안에 둥근 자갈이 쌓이게 되는 경우가 있다. 우리나라 남해안 지방의 경우 이러한 자갈해안을 몽돌해안이라고 부른다. 전라남도 완도군의 구계등은 몽돌해안의 대표적 장소이다. |

9. 백령도 콩돌해안(인천시 옹진군)　　10. 구계등의 몽돌해안(전라남도 완도군)

| 리아스식 해안 | rias coast
해수면의 상승이나 지반의 침강으로 해안선의 굴곡이 심한 침수해안. 리아스 해안이라고도 한다. 리아(ria)라는 말은 스페인 북서부 지방에서 유래된 말이다. (175쪽 참고)

작아지겠지만 동해안이나 서해안과 같은 모래로는 쉽사리 바뀌지 않을 겁니다. 구계등 몽돌해안의 경우는 길이 800m 정도의 해안에 조약돌의 크기부터 수박만한 크기의 몽돌(갯돌이라고도 합니다.)이 빼곡히 쌓여있는 우리나라 최대의 몽돌해변으로 최후빙기 이후에 진행된 해수면 상승운동에 의해 형성된 것으로 알려져 있습니다. 이곳을 꼭 한번 가보시기 바랍니다.

셋째로 해안선의 굴곡 여부를 보면 어느 해안인지를 알 수 있습니다. 우선 동해안의 경우는 쭉 뻗은 해안선을 갖고 있어 쉽게 구분이 가능하겠네요. 서해안과 남해안은 해안선의 굴곡이 복잡한데 그 중에서도 특히 **리아스식 해안**으로 알려진 남해안의 경우엔 해안선의 출입이 복잡하기로 이루 말할 수 없답니다.[12] 아마도 남해안 해안도로를 따라 운전하다 보면 '이게 바로 리아스식 해안이구나' 하고 느끼실 겁니다. 해안선이 복잡한 이유는 바닷물이 육지 내륙으로 치고 들어왔기 때문인데 이러한 해안을 침수해안(浸水海岸)이라고 부릅니다. 후빙기 이후 빙하가 녹으며 바닷물이 130m 정도 내륙을 향해 올라왔

11. 삼봉해수욕장 뒤의 모래언덕과 소나무숲(충청남도 태안군)

기 때문에 남해안에 섬이 많아진거죠. 이곳을 다도해(多島海)라 부르는 이유도 바로 그 때문이죠. 아무튼 위에서 말씀드린 세 가지 구분법을 토대로 해안을 바라본다면 나름대로 해안을 구별하는 안목이 생기리라 믿습니다.

사진 11은 충청남도 태안군의 삼봉해수욕장입니다. 사진에서 보시는 바와 같이 서해안이든 동해안이든 남해안이든 해수욕장에는 꼭 그 뒤에 소나무 숲이 있습니다. 여러분은 왜 해수욕장 뒤에 이런 소나무 숲이 있는지 알고 계신가요?

12. 상공에서 내려다본 다도해(전라남도 남해안)

13. 유달산에서 바라본 신안군 다도해 낙조(전라남도 신안군)

⭐ 바닷가엔 모래해안만 있다?

혹시 여러분은 바닷가에는 당연히 모래만 쌓여 있어야 한다고 생각하지는 않는지요? 해수욕장의 모래사장에 익숙한 우리로선 아마도 바닷가에 모래가 있어야 당연하다고 생각하실지 모르지만 사실은 모래해안보다도 자갈해안이나 암석해안인 경우가 더 일반적이랍니다. 바다로 유입되는 큰 강이 없는 경우엔 하천으로부터의 모래 공급이 없기 때문에 바닷가에 모래가 쌓이질 않습니다. 이 경우엔 보통 암석해안이 만들어지게 됩니다.

▲ 울릉도 자갈해안(경상북도 울릉군)

⭐ 조개가루로 이루어진 해변

퇴적해안의 경우엔 모래가 쌓이는 게 보통이지만 인근에 큰 하천이 없을 경우에는 모래 대신 조개껍질이 잘게 부서져 쌓이는 경우가 있습니다. 전문적으로는 이러한 조개가루를 패사(貝砂)라고 부르는데 제주도 협재, 중문, 표선해수욕장의 경우 모래 대신 하얀 패사가 널려 있어 푸른 바닷물과 잘 조화된 아름다운 해안 경관을 이루고 있습니다.
제주도에 패사가 잘 발달된 이유는 이 지역의 근해가 조개의 서식에 알맞은 기후 및 지형조건이기 때문입니다. 협재해수욕장 뒤쪽에 위치한 협재동굴이 용암동굴이면서도 종유석을 갖는 이유도 바람에 날려 동굴 위에 쌓인 패사 때문입니다. 빗물에 녹아 지하수로 침투된 탄산칼슘이 용암동굴 천장에 종유석을 만들게 됩니다. 제주도 동쪽 해안에 위치한 표선해수욕장 내륙에는 3m 이상 두께의 패사층이 자리잡고 있기도 합니다.

▲ 협재해수욕장의 패사(제주도 제주시)

▲ 패사

⭐ 리아스식 해안의 형성 원인?

최후빙기(最後氷期, 지금으로부터 약 8만 년 전부터 시작해 1만 년 전에 끝난 뷔름빙기) 이전에 형성된 해안부의 원지형(原地形, 원래의 지형)이 후빙기(後氷期, 빙하기가 끝난 후 현재까지의 기간) 해면상승으로 인해 침수된 침수해안(浸水海岸). 스페인 북서부 갈리시아(Galicia) 지방에서 불리는 굴곡진 해안의 명칭인 'ria' 또는 ria가 많은 지방을 일컫는 'Coast de Rias Atlas'란 말에서 유래되었습니다. 예전에는 이 리아스식 해안의 형성 원인을 해안 지반의 침강에 의한 것이라고 했으나 최근엔 해면 상승에 의한 침수해안도 리아스식 해안이라고 부르고 있습니다. 후빙기의 해면상승 운동은 전세계적으로 리아스식 해안을 만들게 되었죠. 한편, 리아스식 해안에는 만(彎)의 하구가 나팔 모양의 골짜기를 이루는 경우가 많은데 이를 익곡(溺谷, drowned valley)이라고 합니다.

02 해수욕장 뒤의 소나무 숲

응? 해수욕장 뒤엔 소나무 숲이 있다구? 그랬던가? 하며 반문하실 분도 계실텐데요~ 해수욕장으로 나가자면 보통 소나무 숲을 지나가야 합니다[14]. 맨발로 걸어야 할 경우엔 발밑의 까칠한 솔잎과 솔방울을 조심해야 하죠. 아마 여러분도 까치발을 하며 조심스레 걸었던 기억들이 있으실 겁니다. 그런데 왜 바닷가에는 이런 소나무 숲이 있을까요?

이 질문을 수업 시간에 던지면 학생들은 대개 '방풍림 조성 때문'이라고 답하더군요. 네⋯ 물론 맞는 말입니다. 해안가엔 바람이 많이 불어 이를 막기 위해 사람들은 나무를 심어왔습니다. 바닷가 모래가 육지로 불어드는 것을 막기 위해 나무를 심기도 했죠. 지진이 자주 일어나는 일본의 경우에는 지진해일로 인한 피해를 막기 위해 보안림

14. 상주해수욕장 뒤의 방풍림(경상남도 남해군)

15. 상주해수욕장 소나무숲(경상남도 남해군)

16. 하조대의 절리면에 자라는 소나무(강원도 양양군)

| 해안사구 | 海岸砂丘, coastal dune
해안의 모래사장 뒤에 형성된 모래언덕. 삼면이 바다로 둘러싸인 우리나라의 경우 해수욕장 뒤편에는 소나무 숲이 우거진 사구가 형성되어 있다. 충청남도 태안반도의 신두리 해안사구는 우리나라 최대의 해안사구로 손꼽힌다. (183쪽 참고)

(保安林)을 조성하기도 합니다. 그러나 사람이 전혀 살지 않는 곳에도 바닷가 **모래언덕(해안사구, 海岸砂丘)**[11]에는 보통 소나무의 일종인 곰솔 같은 침엽수가 자라고 있습니다. 우리나라뿐만 아니라 세계적으로도 그렇죠. 왜 그럴까요? 그런 곳에도 사람들이 일부러 방풍림(防風林)을 만들어 놓은 것일까요? 그렇다면 바닷가에서 자생하고 있는 소나무들을 어떻게 설명하면 좋을까요?

정답은 다음과 같습니다. 소나무는 영양분이 적고 물이 잘 빠지는 곳에서 비교적 잘 자라는 수종이므로 해안가 모래밭에서 잘 자라기 때문입니다. 이같은 이유를 알고 사람들은 활엽수보다 곰솔 같은 침엽수를 방풍림으로 사용하곤 했었습니다. 침엽수림은 잎은 뾰족하지만 잎의 밀도가 크고 겨울에도 잎을 떨구지 않기 때문에 활엽수보다는 바람을 막는 역할이 뛰어나다는 점도 알아두셨으면 합니다. 하지만 활엽수를 방풍림으로 사용한 곳도 있습니다. 경상남도 남해군 삼동면 물건리의 천연기념물 제150호로 지정된 방조어부림(防潮魚付林)이 바로 그곳입니다.[17] 이곳은 태풍과 염해로부터 마을을 보호하고 물고기를 모으기 위해 길이 1.5km, 폭 30m 규모의 방풍림을 조성하여 높이 10~15m의 상수리나무, 느티나무, 후박나무, 팽나무 등 40

17. 물건리 방조어부림의 전경(경상남도 남해군)

18. 구계등 방풍림(전라남도 완도군)

19. 구계등 방풍림 전면에 발달한 범의 모습(전라남도 완도군)

여 종의 8만 4,000여 그루의 나무가 19세기부터 보존되어 오고 있는 아주 유명한 곳입니다.

그럼 방풍림이 있는 곳은 해안의 어느 부분에 해당할까요? 결론부터 말씀드리면 방풍림은 좀처럼 파도가 미치지 못하는 곳에 자리잡고 있습니다. 이런 곳을 사구라고 합니다. 사구(砂丘)란 글자 그대로 모래언덕이란 의미를 지니지만 사구 지역이라고 해서 반드시 모래가 둥그런 모양의 언덕으로 쌓여 있어야 하는 것은 아닙니다. 사진 18은 이와 같은 사실을 전형적으로 보여주고 있습니다. 사진에서 나무가 우거진 곳은 파랑의 영향을 거의 받지 않는 곳인데 실제로 이 숲속

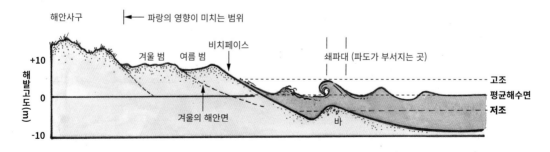

그림 1. 해안 단면도

| 범 | berm

사빈 해안에서 해안선과 평행하게 발달된 모래턱. 해수욕장에서 피서객들이 일광욕을 하며 즐기는 비치플래트(beach flat)와 파도가 육지로 올라왔다가 빠지는 급경사면의 비치페이스(beach face)는 범으로 구분된다.

| 스워시 | swash
| 백워시 | back wash

바닷가 모래와 바닷물이 맞닿는 부분인 비치페이스에서는 수시로 파도가 올라왔다 내려가길 반복하는데 파도가 올라올 때의 바닷물의 흐름을 **스워시**, 빠져내려갈 때의 것을 **백워시**라고 한다. 스워시와 백워시에 의해 이동하는 물의 흐름을 따라 바닷가 모래가 이동하게 되는 현상을 전문용어로 **비치드립팅(beach drifting)**이라고 한다.

바닥은 자갈이 박힌 모래로 이루어진 사구임을 알 수 있습니다.

그런데 여러분!… 사진 19의 모습이 재미있지 않으신가요? 많은 학생들이 여러분께 해안의 단면을 보여드리기 위해 따가운 햇살에도 불구하고 줄지어 앉아있는데요~ 이 사진으로 해안의 단면 모양을 아실 수 있을 것입니다. 이 해안 단면은 해수면으로부터 내륙을 향해 급경사를 이루며 올라가다가 어느 지점을 경계로 완만한 역경사를 이루며 내려가고 있는데 이러한 역경사의 경계선을 전문용어로 **범** (berm)이라고 부릅니다. 참고로 이 범의 전면은 파랑의 영향을 민감하게 받는 곳으로서 **비치페이스(beach face)**라고 부르며 역경사진 그 뒷면은 **비치플래트(beach flat)**라고 부르고 있습니다.

그림 1은 해안의 단면을 나타낸 것으로 우리가 자주 보아온 바다의 모습과 비교해 보시기 바랍니다. 아마도 이 그림처럼 눈에 익숙한 해안경관이 머릿속에서 쉽게 떠오를 것입니다. 이 그림을 보면 출렁이는 파도의 하얀 물결이 생각나지 않으신가요? 파도가 쏴~! 하고 밀고 올라오는 물의 흐름을 전문 용어로 **스워시**(swash)라고 하며 쉬~! 하고 빠지는 물의 흐름을 **백워시**(back wash)라고 합니다.[20] 그런데 재

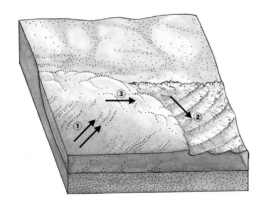

그림 2. ①스워시, ②백워시, ③비치드립팅

20. 스워시와 백워시의 모습 (강원도 강릉시)

미난 것은 스워시는 해안을 향해 직각으로 돌진하지 않는다는 것입니다. 옆으로 밀려 왔다가 앞으로 빠지는 움직임을 보이고 있습니다. 그래서 스워시와 백워시가 계속 반복되는 동안에 해안가 모래는 해안선을 따라서 이동하게 됩니다. **비치드립팅(beach drifting)**이라고 불리는 이런 현상 때문에 바닷가 쓰레기가 차츰 ③의 방향으로 움직이게 되는 것입니다. 그림 2

한편, 해안가 뒤편의 사구에 올라 해안선 저 멀리 섬(육계도)과 연결된 좁고 긴 땅(육계사주)을 보면서 조용한 낭만을 즐겨 보시면 어떨까요? 혹은 그냥 육계사주를 따라 아무 생각 없이 걷는 것도 좋겠네요. 갈대숲과 어우러져 철새들의 낙원이 되고 있는 해안의 호수(석호)도 빼놓을 수 없는 장관이겠죠? 하얀 사빈을 안고 있는 활 모양의 포근한 바닷가 모습은 우리의 마음을 잡아두기에 충분한 그 무엇이 있는 것 같습니다.

우리나라에서 **육계도(陸繫島)**와 **육계사주(陸繫砂洲)**를 볼 수 있는 유명지는 바로 제주도의 성산 일출봉입니다. 22 성산읍과 일출봉을 연결한 이 모랫길은 국내 최대의 육계사주를 이루고 있습니다. 일출봉은 육계도에 해당하는 지형이죠. 육계사주란 해안 연안류가 모래를 운반해 만든 해안가의 좁고 긴 퇴적지형이 해안가 섬과 연결된 것을 말하며, 육계도란 이 육계사주와 연결된 섬을 가리키는 말이랍니다. 동해안이나 서, 남해안에서는 육계도와 육계사주를 쉽게 보실 수 있습니다.

해안선 방향으로 쌓이는 모래톱이 점차 커져 바닷가의 작은 만(bay)을 완전히 가로막으면 그 뒤에 호소가 생기게 됩니다. 우리는 이를 석호(潟湖)라고 부릅니다. 21 동해안의 화진포호, 송지호, 영랑호, 청초호, 향호, 경포호 등은 모두 동해안의 작은 만들이 막혀서 형성된 석호들입니다. 이 석호들은 점차 자연의 모습을 잃고 있습니다. 대표적인 것이 바로 강원도 속초시의 청초호! 강원도 속초시에서 청초

| 육계도 | 陸繫島, land-tied island
바닷가를 가보면 육지로부터 뻗어나간 모래톱이 해안 근처의 섬과 연결되는 경우가 있는데 이 경우 연결된 모래길을 **육계사주(陸繫砂洲, tombolo)**, 연결된 섬을 육계도라고 한다. 우리나라 최대의 육계도는 제주도의 성산 일출봉이다.

21. 성산 일출봉(위)과 일출봉에서 내려다 본 육계사주의 모습(아래)(제주도 서귀포시)

호로 들어오는 하천이 오염되면서 청초호 수질은 크게 나빠졌고 호수 주변도 시멘트와 콘크리트로 뒤덮여 원래의 석호 모습을 완전히 잃고 말았습니다. 우리는 우리의 소중한 자연 유산을 잘 보존해야 할 것입니다.

22. 화진포호와 동해를 가로막아 형성된 사주(강원도 고성군)

⭐ 동해안 침식 현상도 살펴보자

우리나라 동해안의 해안침식 현상은 큰 사회문제로 대두되고 있습니다. 바로 지구온난화가 야기한 현상이죠. 혹시 최근에 일어난 문제라고 생각하실지도 모르지만, 사실 이는 약 30년 전부터 발견된 문제였습니다. 우리나라의 동해안 침식 현상은 강원도 고성군의 사빈으로부터 시작됩니다. 암석해안의 경우에는 침식이 잘 나타나진 않지만, 해수욕장이 있는 곳에서는 큰 사회문제가 되고 있죠. 사빈이 급격히 깎여나가는 바람에 바닷가 건물들이 붕괴 위기에 처해지고 있기 때문입니다. 해수면 상승으로 인한 해안침식 말고도, 우리나라는 4대강 공사가 동해안의 해안침식을 가속화시키는 주범으로 취급되고 있습니다. 낙동강 모래를 전부 긁어버려 바다로 빠져나가는 모래양을 원천적으로 없애버렸기 때문이죠. 자연환경은 시스템으로 구성되어 있습니다. 하천은 벨트 컨베이어죠. 동해안에 가시거든 해안침식 현상도 살펴보시기 바랍니다. 정동진 사빈에서도 해안침식 문제를 걱정하시게 될 겁니다.

⭐ 우리나라 최대의 사구지역은?

충청남도 대천, 만리포, 안면도 해변에는 넓은 사구가 분포되어 있습니다. 우리나라 최대의 사구는 어디에 있을까요? 정답은 충청남도 태안군의 신두리 해안사구입니다. 신두리 해안사구는 북서계절풍이 모래를 육지로 걷어올려 형성된 것으로서 길이 약 4km, 폭 0.5~1km 규모의 광활한 면적을 가지고 있습니다. 그래서 '해안의 사막'이라는 별명을 갖게 되었죠. 사구를 형성하고 있는 모래의 평균 직경은 0.2mm 정도로서 손으로 비비는 감촉이 얼마나 부드러운지 모릅니다.

그런데 이러한 우리나라 최대의 사구가 현재 파괴되어 가고 있어 안타깝기 그지 없습니다. 그 이유로 우선 1960년대 후반 이후 서해로의 모래 유입량이 현저히 줄어들고 있다는 점을 들 수 있습니다. 이는 서해로 흘러나가는 하천 상류에 대규모 댐과 저수지가 건설되어 바다로 유입되는 모래량이 줄어들었기 때문입니다. 또 다른 결정적인 이유로는 사구에서 모래 채취가 무참히 행해져 왔다는 점입니다. 정부가 주도하는 대규모 건설사업들이 진행되면서 하천 골재는 거의 바닥이 났고 따라서 해안의 사구 지형까지 손을 대게 되었죠.

이 신두리 사구도 예외는 아니었습니다. 신두리 해안사구를 보존해야 한다는 환경단체의 주장에 정부는 2001년 11월 30일 천연기념물(제431호)로 지정하였습니다.

일반적으로 사구는 해안의 수려한 경관을 유지시키고 모래 바람을 막는 지형학적 의미 이외에도 육상 생태계와 해양 생태계를 연결하는 생태학적 의미, 그리고 육지의 지하수와 해수를 교환시키는 수문학적 의미 등 중요한 역할을 하고 있습니다. 이러한 관점에서도 우리나라의 유일한 '사막'으로 불리는 이 신두리 해안사구를 정성껏 보존해야 할 것입니다.

▲ 모래 채취로 훼손되고 있는 신두리 사구(2001년 촬영)

⭐ 영국의 대사구-브라운톤 버로스(Braunton Burrows)

영국 데본(Devon)주 브라운톤(Braunton)의 북부 해안에 가면 아일랜드에서 불어드는 서풍으로 생긴 버로스(Burrows) 대사구를 볼 수 있습니다. 1976년 생태보존지역(Biosphere Reserve)으로 지정된 이 사구는 유네스코가 미국의 나이아가라 폭포나 케냐의 암보셀리(Amboseli) 국립공원과 동격으로 취급하고 있을 정도로 아주 중요한 곳입니다.

▲ 브라운톤 버로스 대사구

영국 사람들은 이곳을 말할 때 'the mountainous sand dunes and damp valleys of Braunton Burrows'라고 표현하고 있답니다. mountainous (산지의), damp(축축한)… 한마디로 사구의 특성을 아주 잘 표현하고 있습니다. 이 사구의 실제 규모는 최고 높이 30m, 길이 5km, 폭 2km에 달합니다. 황량한 이 사구 속을 걸어갈 땐 그야말로 황야의 무법자와 같은… 아니 솔직히 말씀드리면 좀 무서운 느낌이 들었습니다. 거센 바람과 간간히 내리는 빗방울이 사구의 을씨년함을 더해 주었죠. 그런데 대체 얼마나 거센 바람이 불길래 이런 사구가 발달하는 것일까요? 이는 바로 사구 북쪽 바닷가 언덕에 서 있는 편향수가 그 답이 될 것입니다.

▲ 브라운톤 버로스 지역의 편향수 모습

그런데 중요한 것은 우리나라에도 이에 못지 않은 사구가 있다는 사실입니다. 바로 앞에서 말씀드렸던 신두리 사구 말입니다. 규모면에선 신두리 사구도 이 브라운톤 버로스에 결코 뒤지지 않지만 관리면에선 비교가 안될 정도로 뒤처져 있음을 알 수 있었습니다. 그것은 바로 접근성! 영국의 경우는 주차장으로부터 1시간 정도 족히 걸어야 바닷가로 갈 수 있지만 신두리 사구의 경우는 바닷가 바로 코앞까지 차가 들어갈 수 있게 되어 있다는 점입니다. 접근의 어려움이야말로 자연을 지켜낼 수 있는 중요한 기본 조건이 아닐까 싶습니다.

▲ 브라운톤 버로스 사구의 전경

▲ 브라운톤 버로스 사구. 언덕 위 좌측에 Sand Dune 호텔이 들어서 있다.

03 정동진은 융기를 보여주는 최고의 교과서

| 노두 | 露頭, outcrop
흙이나 바위로 된 지층의 단면이 땅위로 드러나 노출되어 있는 부분. 산길을 가다가 보면 길 옆으로 산사면이 깎여 나타난 단면이 노두이다. 아래의 오른쪽 사진은 변성암의 노두를 찍은 것이다.

오래 전 모래시계라는 드라마로 유명해진 정동진. 아마 가보신 분들이 많을 텐데요… 여러분은 어떤 느낌을 받으셨습니까? 또 다시 가고 싶으신가요? 대개의 경우 정동진에 갔던 사람은 손상된 정동진에 대한 이미지를 크게 안타까워한다고 합니다. 황량한 쓸쓸함과 고독한 바다의 모습이 사라진 정동진… 주위의 해안 경관과는 아랑곳없이 해안가 좁은 공간 위에 도시 어디에서나 볼 수 있는 간판, 시멘트 건물들이 가득 찬 모습은 정동진의 자연미를 앗아가 버리고 말았습니다. 너무나도 고즈넉했던 우리의 아름다운 작은 바닷가를 말입니다. 그러면 이제 정동진은 일출만을 보기 위해 가는 아무 볼거리 없는 그런 곳일까요?

절대 그렇지 않습니다. 정동진은 우리나라의 동해안이 융기했다는 증거를 찾아볼 수 있는 명소입니다. 정동진역 남쪽에는 심곡리(深谷里)라는 마을이 있습니다. 글자 그대로 아주 깊은 계곡이라는 이름

23. 정동진의 일출(강원도 강릉시)

24. 변성암 노두(경기도 가평군)

25. 정동진 해안단구 노두에서 발견되는 자갈들(강원도 강릉시)

을 지닌 마을이죠. 정동진에서 심곡리로 가려면 정동진역 옆에 있는 언덕을 2단 기어로 올라간 뒤 평지를 10분 정도 달리다가 다시 몇 굽이를 내려가야 하죠. 심곡리는 바로 그런 곳에 있는 마을이기 때문에 붙여진 이름이랍니다. 이 언덕 위 평지가 바로 **해안단구**(海岸段丘, coastal terrace)라고 하는 지형입니다.[26] 심곡리는 정동진 해안단구 밑에 있는 마을인 것입니다.

정동진 해안단구는 150만 년 전 바다였던 지역이 융기한 것입니다. 우리나라의 지반 융기를 전형적으로 볼 수 있는 곳이죠. 단구로 올라가는 도로변 산사면에 박혀 있는 직경 10cm 정도의 많은 자갈들은 바로 이 지역이 융기 지형이라는 것을 말해주는 둘도 없는 증거랍니다.[25] 오른쪽의 지도에서와 같이 등고선의 간격이 넓은 지역이 바로 해안단구 지역입니다. 참고로 등고선간의 간격이 넓다는 것은 이 지역이 평탄하다는 것을 말해주고 있습니다.[그림3]

그런데요, 전 이 정동진에 갈 때마다 아주 속상하답니다. 왜냐하면 정동진의 훼손된 모습을 보고 가슴이 아파서 그렇답니다. 1990년 초반만 해도 이 정동진 해안단구면에는 사진처럼 밀밭이 널려 있었습니다.[28] 바람이 부는대로 살랑살랑 흔들리는 초록 물결로부터 살아

그림 3. 정동진 해안단구의 등고선도

│ **해안단구** │ 海岸段丘, coastal terrace
해안의 융기나 해수면의 후퇴로 인해 형성된 해안절벽 위의 평탄 지형. 해안단구는 파식대나 사빈 등 과거의 해안이 지반의 융기나 해안선의 후퇴로 인해 현 해수면으로부터 높이 올라가 있는 일직선상의 지형을 말한다. 우리나라의 정동진은 해안단구의 교과서적 지형이다.

26. 정동진 해안단구(왼쪽)과 해안단구 끝 부분의 해식애 모습(오른쪽)(강원도 강릉시)

27. 정동진의 모습

| 등고선 | 等高線, contour

지도 위에 같은 높이의 해발고도를 연결해 그린 폐곡선. 산지의 경우 등고선의 간격이 넓을수록 완경사, 좁을수록 급경사 지형을 이룬다. 등고선이 위쪽으로 오목하게 그려진 부분에는 계곡이 발달해 하천이 흐르고 있으며, 등고선이 아래쪽으로 휘어져 있는 곳에는 직선상의 사면이 형성된다. 등고선은 1:50,000 지형도의 경우 굵은선으로 그려진 계곡선(計曲線)과 일정한 간격으로 그어진 주곡선(主曲線) 등으로 구분되는데 이들의 간격은 각각 100m, 20m이다.

숨 쉬는 자연을 느낄 수 있었지요. 하지만 지금은 난개발[27]로 인해 그런 낭만적인 풍경은 오간데 없고 주변과 전혀 조화롭지 못한 시설물이 해안단구 꼭대기에까지 들어서게 되어 자연 파괴의 전형을 보여주는 곳으로 바뀌고 말았습니다.

정동진 이외에도 우리나라에서 해안단구를 볼 수 있는 곳은 몇 군데 더 있답니다. 그 대표적인 곳이 울산시와 경상북도 포항시 부근의 해안인데 사진 29는 구룡포의 해안단구를 찍은 것입니다. 이 사진을 보면 정동진의 해안단구처럼 해발고도가 높진 않아도 해발 10~50m 전후의 높이에 비교적 평탄한 면을 갖고 있는 것을 알 수 있답니다. 경상북도 포항시 북부의 흥해읍 용한리와 우목리 일대에도 널리 알려진 해안단구가 있습니다. 이들 해안단구는 연대측정 결과 지금으로부터 10만 년 전후에 형성된 단구 지형으로 밝혀졌습니다. 한번 가보시기 바랍니다.

참고로 해안단구는 동해안에서만 볼 수 있는 것이 아닙니다. 서해안에서도 쉽게 해안단구를 찾아볼 수 있죠. 이는 서해안도 동해안과 마찬가지로 융기했음을 알려주고 있는 증거물입니다.

28. 1992년의 정동진 해안단구 위의 모습

29. 구룡포 해안단구 지형(경상북도 포항시). 고층 건물이 들어선 평탄면이 해안단구면이다.

④ 바닷물의 높낮이 변화도 지형을 바꾼다

30. 변산반도 채석강(전라북도 부안군)

우리나라 지형의 특징을 '동고서저'라는 말로 표현하고 있음을 잘 아실 겁니다. 한반도 동쪽이 높고 서쪽이 낮다 하여 붙여진 이름이죠. 예전에는 이 **동고서저 지형**이 만들어진 이유를 한반도 동쪽이 융기했고 서쪽이 침강했기 때문이라고 했지만 최근에는 동서의 융기율 차이가 동고서저 지형을 만들었다고 알려져 있습니다. 그럼 우리나라 서해안에서도 이 같은 융기의 흔적들을 찾아볼 수 있을까요?

일반적으로 해안의 융기와 함께 나타나는 해안지형의 특징은 파식지형으로 분류됩니다. 만일 서해안 해안지형에서 바다로 인한 침식의 흔적을 전혀 찾아볼 수 없었다면 서해가 침강했다는 말에 쉽게 동의했을 겁니다. 왜냐하면 땅이 올라온 곳에는 바다의 흔적이 새겨지게 마련이지만 가라앉은 곳에선 바닷물과 맞닿은 현재의 자국만을 볼 수 있기 때문입니다. 하지만 서해안에서는 파도가 만든 많은 해안지형을 현재의 해수면 위에서 볼 수 있습니다.[30]

이러한 파식지형을 서해안에서 볼 수 있는 또 다른 이유가 있습니다. '융기 말고 또 다른 이유라… 혹시 그렇다면 아주 오랜 옛날에 바닷

그림 4. 중부지방의 동고서저 지형을 나타낸 그림

물이 지금의 해수면보다 더 위로 올라가 있진 않았을까?…' 만약 이런 생각에까지 미친 분이 계시다면 이미 대단한 수준의 지리학자입니다. 맞습니다. 즉 이 말의 내면에는 '해수면 변동을 고려하지 않고는 우리나라 해안지형을 제대로 설명할 수 없다'는 의미가 포함되어 있습니다.

다시 말해서 해수면의 상승과 하강이라는 과거 빙기와 간빙기 때의 해수면 변동과 관련된 지형발달 과정을 알아야만 우리나라 해안을 제대로 볼 수 있다는 뜻이 됩니다. 과거 네 번의 빙기[9쪽 지질시대 연대표]를 반복하는 동안 전 지구적으로 바닷물의 높낮이가 수없이 바뀌었고… 이런 해수면 변동은 우리나라 해안지형 형성에 중요한 역할을 했습니다. 참고로 현재의 바닷물 높이는 마지막 빙기에 비해 약 130m 정도 올라와 있다고 합니다. 그 이유는 대륙빙하(ice sheet)가 녹았기 때문입니다.

자~ 이젠 아셨죠? 바닷물의 높낮이 변화도 지형을 바꿀 수 있다는 것을 말입니다. 하지만 아직까지는 과거 우리나라 해안선의 어느 부분까지 바닷물이 들어왔는지 정확히 알려지지 않고 있습니다. 참고로 어떤 시점을 기준으로 볼 때 바닷물이 들어온 해안을 **침수해안(浸**

31. 거제도의 한 침식해안(경상남도 거제군)

| **침수해안** | **浸水海岸,**
 shore of submergence

간빙기나 후빙기의 해수면 상승으로 말미암아 해안으로 바닷물이 밀려 들어오면 침수해안, 빙하의 성장으로 인해 해수면의 높이가 낮아지게 된 해안을 **이수해안(離水海岸, shore of emergence)**이라고 한다. 침강이 일어난 해안을 침수해안, 융기가 일어난 해안을 이수해안이라고도 하는데 침수해안에서는 하천 퇴적작용이, 이수해안에서는 하천 침식작용이 강하게 진행된다.

32. 독도의 자연교인 코끼리바위(울릉군 울릉읍 독도)

33. 태종대의 파식대(부산시 영도구)

34. 추암(강원도 동해시)

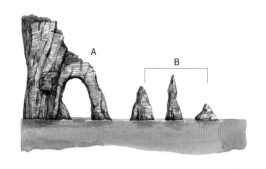

그림 5. 자연교(natural bridge, A)와 시스택(sea stack, B)

| 파식지형 |

波蝕地形, wave-cut landform
파랑에 의해 침식받은 해안지형을 총칭하는 말. 파식지형에는 **파식대(波蝕臺, shore platform;** 해변이 파도에 의해 깎인 평탄한 암석 지형), **해식애(海蝕崖, sea cliff;** 파도에 의해 깎인 파식대 뒤의 절벽), **해식동(海蝕洞, sea cave;** 해식애에 형성된 파도가 만든 동굴), **시스택(sea stack;** 해식애가 후퇴하면서 생긴 촛대 모양의 암괴) 등을 포함한다.

水海岸)이라고 하며 바닷물이 빠져나간 해안을 **이수해안(離水海岸)**이라고 부릅니다. 융기는 이수해안의 효과를, 침강은 침수해안의 효과를 각각 갖고 있습니다.

그럼 지금부터 파도가 만든 지형들을 하나씩 살펴볼까요? 우선 파도가 깎아놓은 이런 지형을 **파식지형(波蝕地形)**이라고 합니다. 부산시 태종대와 거제도 해금강, 경상남도 고성군 상족암, 전라남도 해남군 우항리와 같은 곳에서 해식애를 보셨을 것입니다. **해식애(海蝕崖, sea cliff)**[32]란 파도가 깎아 만든 해안가 절벽을 말하죠. 백령도나 울릉도, 홍도, 흑산도와 같은 곳에서는 절벽 위로 군데군데 뚫린 해식동을 보셨을테구요… 이런 지형들은 모두 파식작용으로 만들어진 주요 해안 지형들이랍니다. 물론 현재 해수면 위쪽에서 이들을 볼 수 있는 것은 앞서 말씀 드린대로 파식작용 이후의 해안이 융기했거나 과거보다 해안선이 후퇴해 현재의 위치에 있기 때문으로 추정됩니다.

서해안 변산반도의 채석강, 그리고 남해안의 전라남도 해남군 우항리, 경상남도 고성군 상족암, 부산시 태종대 등에서 잘 발달된 파식대를 볼 수 있습니다.[33] 파식대는 현재의 바닷물이 드나들면서 만든 평탄한 기반암 지역을 말합니다. 한편, 다른 파식지형으로는 **시스택**

(sea stack)이 있는데 시스택이란 해식애가 파식을 받아 육지로 후퇴하며 단단한 부분이 바다에 남겨진 촛대 모양의 바위를 말합니다. 대표적으로 강원도 동해시 추암해수욕장에 있는 추암을 들 수 있습니다.[34]

그런데 여러분… 파식지형은 대개 해안의 어떤 곳에 집중되어 있을까요? 바닷가에서 바위가 돌출되어 있는 부분과 모래가 쌓여 있는 곳을 볼 수 있는데요… 이런 지형들은 왜 따로따로 나타날까요? 혹시 생각해 보신 적 없으십니까? 네? 파도를 받는 곳에 침식지형이 생기고 파도를 받지 않는 곳에 모래가 쌓이게 되는 게 상식 아니냐구요? 너무 쉬운 것을 질문드렸네요.

바로 잘 맞히셨습니다. 이를 좀 더 정리해 말씀드리면 파랑에너지가 몰리게 되는 곳에는 파식지형이 발달되고 파랑에너지가 없는 곳에는 퇴적지형이 형성된답니다. 파랑에너지는 파도의 직각방향으로 전달되는 탓에 **헤드랜드**(headland)라고 불리는 바다로 돌출된 부분에 에너지가 집중되어 항상 절벽과 같은 지형을 만들게 됩니다.그림 6 쉽게 말해서 바다쪽으로 튀어나온 돌출 해안은 파도의 운동에너지가 몰리게 되어 암석해안이 형성되는 것이죠. 하지만 **만**(bay)의 경우엔 반대로 침식에너지가 거의 전달되지 않아 고운 모래가 쌓이게 된답니다. 자… 그럼 여러분과 함께 만으로 나가볼까요? 예쁜 모래를 밟으러 말이죠.

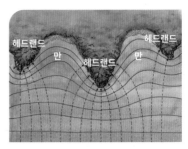

그림 6. 헤드랜드와 파랑에너지(화살표)의 관계

| 헤드랜드 | headland
만(bay) 양쪽에서 바다쪽을 향해 돌출된 암석지형. 헤드랜드에는 파랑에너지가 쏠리게 되어 침식이 진행된다.

⭐ 물때가 뭐야?

물때란 지구와 달 사이에 미치는 만유인력(萬有引力)으로 인해 바닷물이 들어오고 나갈 때를 말합니다.

쉽게 말해서 밀물과 썰물이 발생되는 시각을 말하는데 지구가 자전하면서 달이 지구와 일직선상으로 놓여 있을 경우는 달의 인력으로 밀물이 일어나고 반대로 달이 지구와 직각으로 놓일 때에는 바닷물이 끌려나가 썰물이 일어납니다. 지구의 자전은 하루에 두 번씩 밀물과 썰물을 만들어냅니다. 물때는 달의 공전주기(29.5일)에 따라 조금씩 변동해 하루에 보통 50분씩 늦어지게 됩니다. 예컨대 경도가 다른 전라남도 목포시와 부산시의 경우 물때는 서로 당연히 다르게 나타나며, 서해에 위치한 동일 지점의 경우에도 물때는 하루가 다르게 바뀌고 있습니다. 물때는 양력이 아니라 음력에 의해 계산됩니다. 밀물과 썰물의 차이를 조차(潮差, 조수간만의 차)라고 하는데 참고로 음력 보름과 그믐엔 바닷물의 조차가 제일 강한 사리(대조차, 大潮差)가, 그리고 음력 8일과 23일엔 조차가 적은 조금(소조차, 小潮差)이 나타나고 있습니다.

우리나라의 서해 도서로 가실 경우엔 반드시 물때를 미리 확인해야 여행에서의 위험을 면할 수 있습니다.

▲ 서해안 천리포 낭새섬의 썰물과 밀물 때의 다른 모습

⭐ 제부도 매바위가 떨어져 나간 사연

경기도 화성시 서신면에는 제부도라고 불리는 면적 약 1km², 둘레 12km의 아주 작은 섬이 있습니다. 제부도는 높이 65m 정도의 구릉지를 제외하고는 거의 평지로 되어 있어 썰물이 되면 육지와 연결되는 이른바 '모세의 기적'을 볼 수 있는 곳으로 유명합니다.

이 제부도에서 제일 유명한 곳은 길이 1.8km의 해수욕장 끝에 위치한 '매바위'라는 곳입니다. 지금은 새가 많이 날아다니지 않지만 옛날에는 매처럼 생긴 새들이 이 근처에 많이 날아다녔다 해서 매바위라 불렀다고 하네요. 현장에 가보니 십수 미터의 크기를 지닌 매바위가 아주 장관이었습니다. 이곳에는 매바위를 포함해 3개의 바위가 줄지어 늘어서 있는 '시스택(sea stack)' 지형을 이루고 있습니다. 시스택이란 절리의 발달로 인해 연약한 부분이 파괴되고 강한 부분이 남아 우뚝 솟은 바위체를 말합니다. 이 매바위에서는 아주 재미있는 지형 발달과정을 볼 수 있습니다.

매바위엔 따개비와 굴딱지들이 많이 붙어 있습니다. 이러한 흔적들은 밀물의 한계선을 의미하기도 합니다. 매바위는 절리가 아주 심하게 발달되어 있어 낙석의 위험도 많은 곳입니다. 여담입니다만 제부도에 가시면 물때를 잘 알아두어야 낭패를 면할 수 있습니다. 물때란 밀물과 썰물이 드나드는 시간을 말하는데 물이 들어오고 있는 것도 모르고 괜히 바다 저편에 나가 있다가는 큰 변을 당하기 십상이죠. 바닷물이 들어오는 속도가 상상도 못할 정도로 빠르다는 사실을 꼭 명심하시기 바랍니다.

▲ 제부도 매바위의 절리와 낙석

05 간석지와 간척지

여러분은 간석지와 간척지를 구별할 줄 아시나요? 한마디로 **간석지**(干潟地, tidal mud-flat)는 갯벌을 말하고 **간척지**(干拓地, reclaimed land)는 바다에 흙과 돌을 집어넣어 만든 매립지를 말합니다. 우리나라 서해안에는 해안선의 굴곡이 심하고 한강, 금강 및 중국의 황허, 양쯔강으로부터 유출되는 다량의 토사로 인해 펄이 많이 분포되어 있습니다.

그런데 우리나라 갯벌은 아무 나라에서나 볼 수 있는 것은 아니라고 합니다. 우리나라의 갯벌은 그 면적으로 볼 때 캐나다 동부 해안, 미국의 동부 해안, 북해 연안, 아마존강 유역과 더불어 세계 5대 갯벌의 하나로 손꼽히고 있습니다.[35] 그래서 외국인들이 우리나라에까지 와서 갯벌 보존운동을 벌이고 있죠. 사실 수많은 외국의 해안가를 가보았지만 우리나라 서해안과 같은 광활한 갯벌을 본 기억은 없습니

| 간석지 | 干潟地, tidal mud-flat

갯벌. 조수간만의 차가 큰 해안에 발달한 넓은 평탄지. 간석지는 구성성분에 따라 펄갯벌, 모래갯벌, 혼합갯벌로 구분된다. 펄갯벌은 일반적으로 진흙 성분의 펄(mud)로 구성되며, 모래갯벌은 모래, 혼합갯벌은 펄갯벌과 모래갯벌의 중간 형태의 구성물질로 이루어진다. 근래 들어 간석지는 활발한 간척사업으로 인해 **간척지**(干拓地, reclaimed land)로 변하고 있어 자연생태계의 보호 차원에서도 간석지의 보존은 매우 중요하다. 우리나라 서, 남해안에는 간석지가 널리 분포되어 있다.

35. 서해안의 간석지(인천시 강화군)

36. 서해안의 드넓은 펄갯벌(경기도 화성시)

37. 서산시 간척지에 날아든 가창오리 떼(충청남도 서산시)

다. 우리나라에서 이름난 갯벌은 강화도 남단, 섬진강, 금강, 만경강, 동진강 하구 등에 위치하고 있습니다.

갯벌은 산에서 침식, 운반된 부유토사(대개 실트나 점토질의 미세 성분으로 이루어집니다.)가 해안가에 퇴적되어 만들어지는데 갯벌은 일반적으로 펄갯벌, 모래갯벌, 혼합갯벌 등 크게 3가지로 구분되고 있습니다. 펄갯벌[35, 36]이란 갯벌 구성성분의 50% 이상이 실트(silt, 입자 직경 0.0625~0.004mm)나 점토(clay, 직경 0.004mm 이하)로 이루어진 이른바 진흙 갯벌을 말하며 우리나라 강화도 남단의 황산도 갯벌이 대표적인 지역으로 손꼽히고 있습니다. 이러한 펄갯벌은 발이 무릎까지 빠지는 경우가 많아 함부로 갯벌로 들어갔다가 물이 들어오는 속도보다 빠져나오는 속도가 느릴 경우 자칫 큰 위험을 당할 수가 있습니다. 실제로 펄갯벌 인근의 지역 주민들도 갯벌로 들어갈 때에는 바닷

38. 간석지에 자라는 염생식물(충청남도 태안군)

물이 빠져나갈 때가 아니면 함부로 갯벌로 들어가지 않는다고 합니다. 반면, 모래갯벌이란 갯벌의 구성물질이 직경 0.5mm 전후의 모래로 되어 있는 경우를 말합니다. 서해안의 모래갯벌이 동해안의 모래사장과 다른 점은 앞서 말씀 드렸다시피 서해안의 모래에는 펄 성분이 다량으로 포함되어 있다는 점입니다. 한편, 혼합갯벌은 펄과 모래가 섞여 있는 경우를 말합니다. 강화도 남단의 동막갯벌은 혼합갯벌의 좋은 사례 지역으로 신발을 크게 더럽히지 않고도 멀리까지 걸어나갈 수 있습니다.

갯벌이 생태계의 보고로 평가받는다는 사실은 다 알고 계실 겁니다. 조상으로부터 물려받은 자연유산인 이 갯벌은 낙지, 방게, 바지락, 백합, 맛조개 등의 서식처이자 연안 해역을 깨끗이 유지시키는 필터역할을 하고 있습니다. 더욱이 최근 들어 서해안의 천수만이나 금강하구에 분포한 갯벌을 중심으로 가창오리, 고니, 두루미 등 수십만 마리의 철새가 도래해 갯벌의 소중함을 더해주고 있습니다.

하지만 이렇듯 소중한 갯벌은 고려 중기부터 해방 전까지 영토 확장과 식량 증산이라는 목적으로 끊임없이 메워져 왔습니다. 강화도와 충청남도 태안군, 전라북도의 군산시, 부안군 등의 연안 갯벌도 1960년대 이후 '조국 근대화 사업'과 1980년 전반기에 시작된 '서해

⭐ 짠내가 나지 않는 바다가 있다?

우리는 바닷가에서 짠내를 맡습니다 소금기 물씬 풍기는 바닷바람을 느끼면서 바다보러온 것을 실감하곤 하는데요~ 혹시 여러분은 짠내나는 바닷가를 당연하게 여기지는 않으신지요. 응? 그럼 짠내나지 않는 바닷가도 있다는 말인가? 하며 반문하시겠지만… 맞습니다. 바닷가에서 짠내를 전혀 맡을 수 없는 경우도 있답니다.

예를 들어 영국의 해안가에서는 바다냄새를 거의 맡을 수가 없습니다. 영국의 해안 곳곳을 다녀본 결과 황량한 바이칼(Baikal) 호수 같았다고나 할까요? 갯내음, 짠내 등 소위 바다냄새를 영국의 바닷가에서는 거의 맡을 수 없었습니다. 그 이유는 과연 무엇 때문일까요? 이는 다름 아닌 해수온도와 깊은 관련을 갖고 있습니다. 바다냄새는 어패류와 조류 등 동식물의 사체가 부패하며 발생하는 암모니아(NH_3)와 황화수소(H_2S)에 의한 것이라고 알려져 있습니다. 따라서 영국과 같은 고위도 해안에서는 저수온으로 인해 이른바 바다냄새가 나지 않는 것입니다. 세계 어느 바닷가에서나 항상 짠내음을 맡을 수 있다는 생각을 바꾸셔야 합니다.

그런데요~ 여러분! 그럼 영국의 해안에서는 전혀 짠내를 맡을 수 없는 것일까요? 응? 이건 또 무슨 소리야? 하시겠지만… 기온이 30℃를 치솟는 여름날이면 영국에서도 바다냄새를 맡을 수 있답니다. 특히 해변가 곳곳에 미역, 파래 등의 해초가 널려 있을 땐 꼭 우리나라와 같은 바다냄새가 난답니다. 결론은 해수온도가 높아지면 바다냄새가 난다… 이젠 아셨죠?

▲ 영국의 남서해안 모습. 여름을 제외하곤 바다냄새가 거의 나지 않는다.

39. 새만금 방조제의 건설공사 당시의 현장 사진(왼쪽)과 항공 사진(오른쪽)

안 개발사업'으로 인해 그 자연도가 심하게 파괴되기 시작했습니다. 대단위 국토개발사업이란 미명하에 행해진 '시화호 간척사업(1984년)'과 '새만금 간척사업(1991년)'은 대표적인 갯벌 훼손사업으로 기록되고 있습니다.[39] 더구나 새만금 간척사업은 대규모 개발사업을 두고 '개발과 보존'이라는 극단적인 국론분열을 초래했던 사업이라는 점에서 우리에게 시사하는 바가 크다고 하겠습니다.

이제껏 여러분은 저와 함께 바닷가로 나가 바다에서 볼 수 있는 생생한 자연의 모습을 살펴보았습니다. 재미있으셨나요? 바다는 우리 마음의 고향입니다. 아니, 바다는 생명의 고향이라는 말이 더 맞을 것 같습니다. 남녀노소를 막론하고 바다를 그리워하지 않는 사람은 없을 것입니다.

이제부터라도 바다에 나가면 주변을 유심히 살펴보는 습관을 가지는 것이 어떨까요? 그리고 그것들이 어떻게 만들어져 우리 앞에 놓이게 되었는지 같이 얘기해 보았으면 합니다. 그리고 생태계의 보고인 우리의 해안을 어떻게 보존해야 할지에 대해서도 생각해 보시기 바랍니다.

⭐ 바닷속의 저것은 무엇일까요?

경상남도 남해 앞바다에는 아래 사진과 같은 구조물이 바닷속에 만들어져 있는 것을 볼 수 있습니다. 대체 바닷속에 만들어진 저것들은 무엇일까요? 경상남도 남해군 삼동면 지족리 지족해협에서 행해지고 있는 죽방렴(竹防簾)입니다.

죽방렴이란 폭이 좁은 해협에서 밀물과 썰물의 방향이 바뀌는 것에 착안해서 이루어지고 있는 우리나라 고유의 어업방식을 말합니다. 참나무(원래는 대나무로 만들었다고 합니다.)로 만든 말뚝에 그물을 걸어놓아 썰물 때 그물에 갇힌 고기를 배로 건져 잡는 이 전통어업은 통발의 원리를 이용하고 있습니다.

조차(밀물과 썰물의 해수면 높이의 차이)가 크다고 다 이런 방식의 고기잡이가 행해지는 것은 아닙니다. 그 이유는 밀물과 썰물의 흐름 방향이 달라야 한다는 것이죠. 이 지역의 경우는 하루에 두 번씩 바닷물의 흐름이 바뀌고 있는 곳입니다. 사진은 밀물 때 찍은 것입니다. 이 사진 재미있죠?

▲ 죽방렴 멸치잡이

▲ 지족해협에 설치된 죽방렴

쿵쿵 울리는 바닷가 굉음들

- 공룡 발자국 -

엄청 큰 발자국이었습니다. 웬만한 어른 머리 크기의 발자국이었죠. 발자국이 얼마나 선명한지… 발가락 사이에 흙이 빠져나가 움푹 패인 채 굳어있는 모습이 아주 확연하게 드러나 보였습니다.

이곳 전라남도 해남군 우항리에는 20~90cm에 이르는 다양한 크기의 공룡발자국을 비롯해 세계에서 가장 오래된 8,300만 년 전의 것으로 추정되는 물갈퀴 달린 새 발자국 1,000여 점과 세계 최대의 익룡 발자국 300여 점 그리고 아시아에서 처음으로 발견된 바다게의 발자국 등 세계에서 희귀한 공룡발자국이 남아 있습니다.

이 우항리 공룡화석지 바로 옆에는 천연기념물 제394호로 지정되어 있는 전라남도 해남군 백악기 퇴적층군이 있습니다. 해안가를 따라서 높이 5~10m 정도의 퇴적층이 줄지어 얼굴을 드러내고 있는 장관을 이루고 있습니다.

가까이 가서 보면 층리의 발달로 인해 1mm 정도밖에 안되는 아니 그보다도 더 얇게 잘려진 1억년 전의 검은색 셰일과 이암이라는 퇴적암을 볼 수 있습니다. 이 퇴적층의 두께가 책갈피 들추듯 그렇게 얇은 결을 갖고 있다는 게 새삼 놀라웠습니다.

이로부터 우리는 과거의 지질환경을 생각해 볼 수 있습니다. 이렇게 퇴적될 수 있는 환경이란 무척이나 고요한 환경이었다는 것을 뜻하며 따라서 과거

▲ 경상남도 고성군의 상족암 공룡발자국. 천연기념물 제411호

이 지역은 바다가 아닌 호수였을 것이라는 생각을 가능케 합니다. 그것도 아주 고요한 호수였다는 것이죠.

지질학자들은 호수의 크기가 북아메리카 대륙의 오대호 정도였다고 말하고 있으니 중생대 백악기(1억 4,000만 년 전부터 6,500만 년 전까지의 기간)에 우리나라는 호수로 뒤덮여 있었다고 생각해도 좋을 것 같습니다. 현장에서 그런 얇은 암석을 만지고 있으니 상당한 경이감이 들더군요. 타임머신을 타고 긴 시간여행을 하고 있다는 느낌이었습니다. 그런데 가슴 아픈 것은 이 퇴적층이 제대로 보존되지 못하고 있다는 사실입니다. 천연기념물임을 알리는 간판 하나만 덩그러니 놓여 있는게 전부였죠. 정부의 보다 적극적인 관리가 요망됩니다. 우항리… 꼭 한번 가 보시기 바랍니다.

한편 경상남도 고성군 상족암의 공룡 발자국(천연기념물 제411호)은 중생대 백악기 지층에 찍혀진 것으로 그 수가 1,900여 개에 달해 브라질, 캐나다에 이어 세계 3대 공룡유적지로 손꼽히는 곳입니다. 이 발자국의 주인공들은 1억 2,000만 년 전의 중생대 백악기에 살았던 브론토사우루스, 이구아나돈, 티라노사우루스 등의 초식, 육식 공룡들이며 그 면적은 지금껏 알려진 그 어떤 나라보다 넓다고 합니다.

서울시에서 차로 약 6시간 정도 걸리는 다소 먼 거

▲ 우항리의 백악기 퇴적층(천연기념물 제394호)

리에 위치하고 있으나 그만큼의 시간을 투자할 가치가 있는 곳이라는 생각입니다. 호젓한 가을이 오면 연인과 함께 이곳에서 공룡 발자국 수를 같이 세어 보는 것도 좋겠습니다. 자연사 박물관이란 바로 이를 두고 하는 말이 아닐까요?

앞서 말씀드린 전라남도 해남군 우항리 공룡발자국과 비교해도 좋겠네요. 우항리의 공룡발자국은 상족암 것보다 더 크고 뚜렷해 방문자의 기쁨을 더해 줄 것입니다. 상족암을 방문하시거든 공룡발자국뿐만 아니라 파식대지와 해식애, 몽돌해안 등도 눈여겨 봐야 하며 인근의 한려해상국립공원도 꼭 같이 감상해 보시기 바랍니다.

▲ 우항리의 거대한 공룡발자국

▲ 공룡발자국이 숨어 있는 상족암 파식대

[전라북도 부안군 진서면 진서리]
소금 밭을 가보자
- 곰소염전 -

▲ 곰소염전

여러분은 염전을 구경한 적이 있으신가요? 이제 우리나라 염전의 대표지역이라고 할 수 있는 곰소염전을 소개하겠습니다. 곰소염전은 전라북도 부안군 진서면 해안가에 위치하고 있습니다. 30번 국도를 타고 변산반도 채석강에서 아래로 내려가다 보면 진서면 진서리에 이르러 왼쪽 차창가로 사진에서 보는 것처럼 큰 소금밭을 만나실 수 있습니다. '곰소'란 말은 변산반도 국립공원이 위치한 전라북도 부안군과 선운산 도립공원이 있는 고창군 가운데 바다를 곰소만이라 부르는데서 유래합니다.

우리나라는 소금(염화나트륨(NaCl))을 염전에서 만들지만 외국의 경우엔 암염(salt rock), 즉 소금돌에서 채취하기도 하고, 건조지역에서는 호숫물을 사용해 소금을 만들기도 한답니다. 어른의 경우 하루 12g 가량의 소금을 먹어야 한다고 합니다. 몸 속에 소금이 부족하면 식욕이 없어지고 무력증과 피로, 정신불안증이 생긴다고 하네요. 땀 흘린 다음엔 반드시 염분을 보충해 주어야 하는데 현기증과 의식불명을 막기 위함입니다. 하지만 몸 속에 필요 이상의 소금이 들어가면 고혈압이 생기거나 위암의 원인이 되기도 합니다. 바닷물에는 3% 정도의 염분이 들어 있습니다. 우리 서해안에서는 예부터 바닷물을 원료로 한 천일제염업이 발달하여 양질의 소금을 공급해 오고 있는데 최근에는 중국 소금이 다량으로 수입되어 천일제염업이 크게 축소되어 가고 있습니다.

이 곰소염전에서는 8ha나 되는 광활한 넓이를 몸으로 느낄 수 있습니다. 염전 바닥은 촘촘히 박힌 작은 타일이나 고무판 또는 돌처럼 굳은 흙으로 이루어져 있습니다. 테니스장 클레이 코트를 단단하게 만들기 위해서 소금을 뿌리지 않습니까? 그럼 아무리 심하게 뛰어다녀도 절대 흙이 파이질 않죠. 바로 그런 바닥이라고 생각하시면 됩니다. 이 염전 앞에는 곰소항이라는 항구가 있습니다. 일제가 약탈한 각종 농산물과 군수물자를 일본으로 보내기 위한 목적으로 만들었다는 이 곰소항은 곰소젓갈로 유명한 곳이랍니다. 싱싱한 어패류를 원료로한 각종 젓

갈들… 이 곰소 지구에는 국내 최초의 젓갈박물관이 건립되어 있습니다. 천일염과 젓갈, 그리고 각종 건어물… 변산반도에 가시거든 이곳 곰소를 꼭 들러보시기 바랍니다.

▲ 곰소염전의 전경

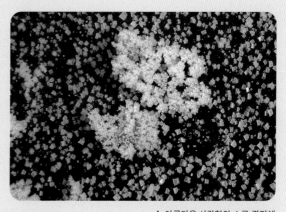

▲ 아름다운 사각형의 소금 결정체

[전라남도 해남군 문내면 학동리; 인천시 강화군 불은면 덕성리]

바다에 웬 홍수파?

- 울돌목과 손돌목 -

정말이지 소름이 끼칠 정도였습니다. 바닷물이 그렇게 빠를 줄은 미처 몰랐거든요. 진도대교 아래의 공터로 들어섰을 때 바다 쪽에서 '쏴~!' 하는 소리가 들리길래 이게 무슨 소린가 하고 막 뛰어갔는데… 그게 바닷물이 흐르는 소리일 줄은 상상도 못했습니다. 전라남도 해남군에서 진도 방향으로 진도대교 건너기 직전의 이곳은 이순신 장군의 명량대첩으로 유명한 울돌목! 시속 20km가 넘는 빠른 해류는 카메라를 꺼내기도 전에 눈앞을 지나던 바지선을 저 멀리 보내고 말았습니다. 얼마나 빠른지 상상만으론 느끼지 못할 것입니다. 물 거품을 쏟으면서 흘러가는 그 모습이란…

울돌목이란 말은 전라남도 해남군 화원반도와 진도 사이의 폭 293m의 명량해협(鳴梁海峽)을 가리키는 순우리말입니다. 좁은 폭을 지닌 울돌목을 지나면서 일종의 병목현상에 의해 바닷물은 흐름이 빨라지게 됩니다. 이 울돌목을 지나는 조류는 하루에 두

번씩 흐름이 바뀌고 있답니다. 진도를 바라보는 방향에서 밀물 때는 오른쪽 방향으로, 그리고 썰물 때는 왼쪽 방향으로 물의 흐름이 바뀌고 있습니다. 현재 이곳에는 이러한 거센 조류의 특성을 이용해 조력발전소가 건설되고 있습니다.

이곳 말고도 바닷물이 빨리 흐르고 있는 곳이 있습니다. 그곳의 이름은 손돌목! 바로 강화도와 경기도 김포시가 마주하고 있는 염하(鹽河, 긴 강처럼 보이는 김포해협을 말합니다.) 중 그 폭이 제일 좁은 지점을 손돌목이라고 합니다. 이곳을 흐르는 바닷물도 아주 빠르게 흐르고 있죠. 염하를 흐르는 바닷물이 갑자기 폭이 좁은 손돌목 부근을 통과하려다보니 빠르게 흐를 수밖에 없게 된 것입니다. 그래서 이 손돌목에는 과거 우리 조상들이 외적의 침입을 막으려 세웠던 광성보라고 하는 사적지가 있습니다. 신미양요 때 비록 미군에 의해 많은 목숨을 잃고 점령 당하긴 했으나 이곳 역시 울돌목의 지혜가 돋보이는 그런

▲ 울돌목(전라남도 해남군)

▲ 울돌목(전라남도 해남군)

곳이었습니다. 이곳은 지금도 큰 배가 지나갈 수 없는 곳입니다. 물론 유속이 빨라서도 그렇겠지만 이 손돌목 부근의 수심이 낮기 때문이기도 합니다.

이곳도 울돌목과 같이 하루에 두 번씩 조수의 방향이 바뀌고 있습니다. 밀물일 때는 강화도 남쪽에서 염하를 따라 물이 내륙을 향해 거슬러 올라가 바닷물이 사진의 오른쪽에서 왼쪽으로 흐르게 되며, 물이 빠지는 썰물 때는 반대로 왼쪽에서 오른쪽의 외해 방향으로 흐르게 됩니다.

참! 손돌이란 이름이 울돌목과 비슷해 재미있으시죠? 바로 이 두 단어는 순우리말로 표현된 것으로 '목'이란 좁고 긴 길목을 뜻하는데 '울돌'이 명량(鳴梁)을 우리말로 풀이한 것이라면 '손돌'은 언어학

적으로 좁은 바다목을 뜻하는 착량(窄梁)이라는 단어에서 유래됩니다. 보통 '손돌의 전설'로 잘 알려진 '손돌'이 실존 인물로 회자되고 있으나 이는 사실과 다른 것으로 알려지고 있습니다.

▲ 광성보에서 바라본 손돌목(인천시 강화군)

낙동강의 범람으로 형성된 배후습지로 국내 최대의 원시 자연늪인 우포늪

Chapter 06

물
지리여행

물 지리여행은 지리여행의 완결판입니다.

네? 왜 지리여행을 물로 정리하려 하냐고요?

왜냐하면 물은 지구 위의 모든 물질을 만든

장본인이기 때문입니다.

물 지리여행은 지구의 물순환 메커니즘을

새롭게 인식하는 계기를 마련해 드릴 것입니다.

물을
구경하자

세상은 비가 올 때 바뀝니다. 지구의 모습이 바뀌기 시작하죠. 빗방울의 엄청난 에너지가 지표면을 때립니다. 급격히 불어난 지표수는 지표면을 깎아 흙탕물을 만들며 흘러내리죠. 땅 속으로 침투한 빗물은 토양의 공극을 채우며 지하수가 됩니다. 일정 시간이 지난 뒤 지하수는 다시 지표면으로 배어나와 하천이나 호소 등의 지표수와 합류하죠. 바다로 빠져나간 물은 증발되어 다시 하늘로 올라갑니다. 지구의 물은 세상을 바꿔가며 이렇게 순환합니다.

물 지리여행은 지리여행의 완결판입니다. 네? 왜 지리여행을 물로 정리하려 하냐고요? 왜냐하면 물은 지구 위의 모든 물질을 만든 장본인이기 때문입니다. 지구환경 시스템은 물이 만든 결과물입니다. 물은 지구 삼라만상의 네트워크를 유지, 발전시켜주는 근원이죠. 물 없이는 우리 주변 아무 것도 존재할 수 없습니다. 물 지리여행이 지리여행의 완성판인 이유입니다.

물 지리여행의 관전 포인트는 자연계의 물의 움직임을 제대로 알고 보자는데 있습니다. 예를 들어, 설악산을 흘러내리는 계곡물을 보며 그냥 '시원해서 좋네'라고만 말한다면 왠지 좀 아쉽다는 생각이 듭니다. 저 계곡물은 어디에서부터 어떻게 흘러나온 것인지, 저 물은 언제적 내린 빗물이 배어나온 것인지 등에 관심을 갖는다면 계곡물을 바라보는 관점이 달라질 겁니다.

▲ 논짓물 용천수(제주도 서귀포시)

▲ 북한천(경기도 고양시)

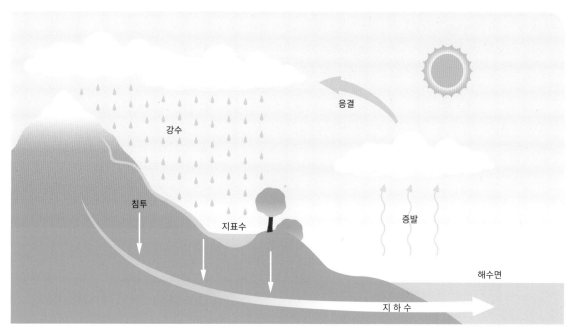

▲ 물의 순환을 표현한 모식도

물의 움직임이 눈에 안보인다고 어렵게 생각하실 필요는 없습니다. 어디까지나 여행이니까요. 제주도 해안가의 용천수를 보고 그냥 제주의 지하수를 떠올리시면 됩니다. 물 지리여행은 지구의 물순환 메커니즘을 새롭게 인식하는 계기를 마련해 드릴 것입니다.

물 지리여행은 잠자고 있던 여러분의 물 환경 보존 의식도 깨워드릴 겁니다. 유역 네트워크 시스템이 무너지면 유역 내부의 물의 수량과 수질에 불균형이 발생합니다. 이런 시각으로 현장의 물 공간을 바라보게 되실 겁니다.

여행지에서 만난 물은 우리에게 어떤 모습을 보여주고 있을까요? 그 물 경관은 우리에게 어떤 이야기를 던져주고 있을까요? 물 지리여행은 물을 정량적으로 생각하는 습관에서 비롯됩니다. 자~ 그럼 지금부터 물 지리여행을 힘차게 떠나볼까요?

① 물 지리여행의 출발지, 유역

자연계의 물을 제대로 감상하기 위해서는 우선 유역에 대한 인식이 필요합니다. **유역**(流域, watershed, catchment, water basin)은 '산으로 둘러싸인 집수구역(集水區域)'으로 정의됩니다. [1, 그림 1] 산 정상부에 떨어지는 빗방울을 생각해 보세요. 산 능선을 사이에 두고 오른쪽과 왼쪽으로 각각 떨어진 빗방울은 당연히 서로 반대 방향으로 흐르게 됩니다. 이렇게 물을 나누는 고갯마루를 **분수령**(分水嶺)이라고 합니다. 이 분수령을 이은 선을 **분수계**(分水界, drainage divide)라 부르죠. 분수계로 둘러싸인 내부 지역이 바로 유역입니다.

| 유역 | 流域, watershed, catchment, water basin

강우 시 빗물이 모여 흐르는 집수구역을 말한다. 분수계로 둘러싸인 지역에 내린 빗물은 하천을 통해 유역 출구로 빠져나가게 된다. 유역은 자연이 만든 행정 단위이다.

| 분수령 | 分水嶺
| 분수계 | 分水界, drainage divide

빗물이 구분되어 흐르는 경계선을 물을 나눈다고 하여 분수계라고 하는데, 분수계는 유역의 경계를 이루는 선이다. 대관령, 추풍령 등과 같이 분수계의 고갯마루를 분수령이라고 부른다.

1. 하늘에서 본 유역의 모습들(경상북도 포항시)

| 지표수 | 地表水, surface water

지표면 위를 흐르는 물의 총칭. 지표수는 지중수의 반대말로 하천, 빙하, 호소, 저수지 등을 구성하고 있는 물을 말한다.

| 지중수 | 地中水, subsurface water

지표면 아래에 존재하고 있는 물을 통틀어 지중수라고 한다. 지중수는 토양수와 지하수로 나뉜다.

| 침투 | 浸透, infiltration
| 침루 | 浸漏, percolation

침투란 강수가 지표면으로 스며드는 현상을 말한다. 반면, 침루란 일단 지표면 속으로 침투해 들어간 물이 중력 작용에 의해 지하수면을 향해 하부로 이동하는 물의 움직임을 말한다.

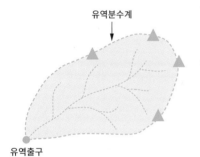

그림 1. 유역 모식도

2. 빗방울 충격

유역은 자연을 구분하는 기본단위입니다. 자연의 행정구역인 셈이죠. 인간이 서울시와 경기도와 같은 행정 구역을 만들었다면, 자연은 한강 유역, 낙동강 유역과 같은 유역 단위의 자연 구역을 만들어놓고 있습니다. 하천을 경계로 '이쪽은 내 땅, 저쪽은 네 땅' 하는 식의 행정 구분은 유역을 임의로 쪼개는 반환경적 행위입니다. 유역은 하나로 통합, 관리되어야 하는 생명체입니다.

유역 개념은 여행자의 공간 개념을 넓혀줍니다. 예를 들어, 태백에서 낙동강 발원지인 황지를 보고 대구와 부산을 떠올리는 식이죠. 강 상류의 물을 보고 중류와 하류의 물을 상상한다, 참 멋진 공간여행이 될 것 같지 않으신가요? 한강 발원지인 검룡소에서 평창강 유역을 생각하는 사람이 있다면 그 사람은 필경 넓은 공간인지력을 가진 사람일 것입니다.

비행기에서 산줄기를 내려다보면 산이 온통 유역의 집합체로 이루어져 있음을 알 수 있습니다.[1] 하늘에서 떨어진 빗방울이 모여 다양한 형상의 유역을 만들고 있는 모습이 참으로 신기하죠. 빗방울은 지표의 기복을 바꾸는 에너지를 갖고 있습니다. 비 한 방울이 땅에 떨어지면 왕관 모양으로 흙 입자를 갖고 튀어 오르게 되죠.[2] 우리는 이런 빗방울의 침식 작용을 빗방울충격(raindrop impact)이라고 부릅니다. 흙 알갱이를 튀어 올리며 땅으로 떨어진 빗방울은 **지표수**(地表水, surface water)를 만들던가, 아니면 땅속으로 침투해 **지중수**(地中水, subsurface water)를 이루게 됩니다.

땅속으로 침투해 들어가는 물은 토양의 종류에 따라 그 속도가 달라지게 됩니다. 자갈과 모래, 진흙으로 들어가는 물의 침투 속도에는 당연히 차이가 나겠죠? 땅속으로 **침투**(浸透, infiltration)해 들어간 빗물이 지구 중력에 의해 지하수위를 향해 흘러 내려가는 현상을 **침루**(浸漏, percolation)라고 하여 침투와 구분 짓고 있다는 점도 알아두시기 바랍니다.

⭐ 구릉지를 물탱크로 바라보자

경기도 구리시에는 유네스코 세계유산으로 지정된 동구릉(東九陵)이 있습니다. 이곳에는 태조 이성계의 왕릉을 비롯한 9기의 능이 약 2백 만㎡, 그러니까 축구장 275개의 넓이로 자리하고 있습니다. 해발 100m도 채 안되는 나지막한 구릉지(丘陵地)가 아주 편안한 느낌을 줍니다.

저는 동구릉을 물 지리여행 장소로 활용하고 있습니다. 동구천이라는 자그마한 개울이 한가운데를 흐르고 있는 동구릉은 경기편암의 풍화토가 깊게 발달되어 있어 비가 오면 빗물이 아주 잘 스며드는 구릉지 특성을 보이고 있습니다. 동구릉의 토양은 스펀지 같습니다. 그래서 동구천에는 언제나 제법 많은 양의 물이 흐르고 있죠.

이렇듯 구릉지는 물순환(water cycle 또는 hydrologic cycle)을 공부하기 매우 적합한 필드입니다. 유역에 한가운데에 강우계를 설치하고, 하천 출구에 유량계를 설치했다고 가정해 봅시다. 이런 관측 장비를 통해 1년 동안 구릉지 유역에 내린 빗물의 양과 하천을 통해 빠져나간 물의 양을 구해낼 수가 있습니다. 물수지(water budget)를 계산해 낼 수 있다는 말이죠. 물은 1년을 기본단위로 하여 계산하도록 되어 있습니다. 유역에서의 물의 양을 계산하는 1년의 기본단위를 우리는 수년(水年, water year)이라고 부릅니다.

동구천 유역의 물환경은 현재 매우 건강한 자연 상태를 유지하고 있어 유역 내부의 연간 지중수량에는 큰 변화가 일어나지 않습니다. 물탱크에 물이 항상 일정하게 채

워져 있는 것과 같은 논리죠. 물수지가 자연 상태로 유지되는 유역은 환경적으로 건전하고 지속가능한 발전(ESSD; environmentally sound and sustainable development)을 이룰 수 있는 유역이라 할 수 있을 것입니다.

▲ 동구천유역 모식도

▲ 동구천

02 빗방울 여행

| 강우강도 | 降雨强度, rainfall intensity
단위시간 당 강우량을 가리키는 말. 보통 1시
간당 비의 량(mm/h)으로 표시한다. 호우 발
생 시에는 총강우량보다 비의 강도를 표시하
는 강우강도에 따라 주의보와 경보를 내린다.

비가 오면 차분해 진다고들 합니다. 떨어지는 빗소리가 감상에 젖게 하죠. 빗방울이 땅에 떨어지며 동심원을 그리는 모습이 아름답기까지 합니다. 그런데 비도 정도껏 와야 좋지, 호우를 보고 좋아하는 사람은 아마도 없을 겁니다. 비는 대기 중의 아주 작은 먼지에 물 입자가 달라붙어 생기게 됩니다.

거센 비를 송곳 같은 비로 표현하기도 합니다. 한여름 그런 비를 맞으면 살짝 따끔하기도 하죠. 자동차 앞 유리에 굵은 빗방울이 후두둑 떨어지면 절로 감탄사가 나오기도 합니다. 여러분은 이런 빗방울이 얼마나 큰지 재보고 싶었던 적은 없으실까요?

그런 시도는 지구과학자들 사이에서 오래전부터 있어왔습니다. 자동차 앞 유리에 떨어진 빗방울을 재보기도 했고요. 비오기 전 밀가루가 깔린 판을 미리 내다 놓았다가 빗방울이 떨어지면 얼른 거두어 오븐에 구웠던 적도 있었죠. 하지만 최근에는 마이크로 비디오로 빗방울을 촬영해 그 크기를 직접 재고 있습니다. 평균적으로 이슬비는 0.5mm 미만, 보통의 비는 1mm 이상의 직경을 갖는다고 알려져 있습니다. 그림 2

같은 10mm의 비라도 2시간 동안 내렸을 때와 30분 동안 내렸을 때 10mm에 대한 느낌은 크게 달라집니다. 전자는 조용한 카페를 찾게 되지만, 후자는 호우를 걱정하게 되죠. 우리는 단위시간당 내린 비의 양을 **강우강도**(降雨强度, rainfall intensity)라 부르고 있습니다. 강우강도는 비를 평가하는 주요 척도가 됩니다. 호우란 강우강도가 높은 비

를 말합니다. 비에 대한 평가는 **총강우량**(total rainfall amount)보다 강
우강도가 중요하게 작용합니다.

그럼 강우량은 어떻게 측정하면 될까요? 오늘 밤부터 내일 아침까지
8시간 동안의 강우량을 측정해 오라는 숙제를 받았다고 가정해 봅시
다. 여러분들은 어떻게 빗물을 재시겠습니까? 아무 그릇이나 마당
또는 아파트 주차장에 내놓으면 된다고 생각하시겠죠? 물론 맞습니
다. 그 다음은요? 서로 다른 모양의 그릇들에 담겨진 빗물을 어떻게
계산하면 같은 값을 얻게 될까요?

결론부터 말씀드리면, 각각의 용기에 들어간 빗물을 용기 입구의 면
적으로 나누면 같은 강우량 값을 얻을 수 있습니다. 예를 들어, 입구
면적 10cm²의 용기에 빗물이 40cm³가 담겼을 경우 이때의 강우량
은 4cm, 즉 40mm로 계산됩니다. 또 8시간 동안 내린 비의 강우강
도는 강우량 40mm를 8로 나눈 값이니까 5mm/h로 계산됩니다.

3. 우량계

비가 내리면 강우강도를 떠올려 보세요. '시간당 몇 mm 정도의 비가
내리네…'라고 말도 해보시고요. 비를 수치로 바라보는 안목이 생기
실 겁니다. 여기서 퀴즈 하나. 만약 시간당 50mm 강우강도의 비가
내리게 되면 우리는 어떤 계곡물을 만나게 될까요?

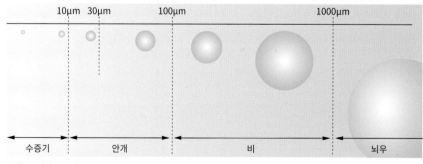

10μm	30μm		100μm			1000μm	
수증기		안개			비		뇌우

그림 2. 빗방울 크기

03 아차산 계곡물의 신비

| 편암 | 片岩, schist

압력에 의한 광역변성작용을 받아 형성된 변성암. 편마암보다는 변성작용을 덜 받은 암석으로, 편마암과 함께 선캄브리아기(약 6억 년 전) 이전의 지층인 경기변성암복합체라 불리는 지층을 구성하고 있다. 편암은 구성 광물의 풍화로 인해 금가루처럼 반짝거리는 것이 특징이다.

서울시 광진구에 위치한 아차산(296m)은 많은 사람들이 즐겨 찾는 산행지입니다. 고구려의 남방한계선이었던 이곳은 한강을 차지하기 위해 삼국이 쟁탈전을 벌였던 곳으로 잘 알려져 있죠. 그런데 이 아차산은 흥미로운 물 여행을 할 수 있는 최적지이기도 합니다. 계곡을 가운데 두고 왼편엔 화강암이, 오른편엔 **편암**이 자리하고 있기 때문입니다. 그림 3

이게 왜 물 여행과 관련 있냐고요? 아차산 계곡물 유출에 암석이 관여하고 있기 때문입니다. 아차산 공원 입구에서 산책로를 따라 올라가다 보면 계곡을 경계로 판이한 지형경관을 만나게 됩니다. 4 아차산 화강암은 원래 이곳의 기반암이었던 편암을 뚫고 관입해 자리 잡은 암석입니다. 이 두 개의 암석 경계선을 따라 아차산 계곡물이 흐르고

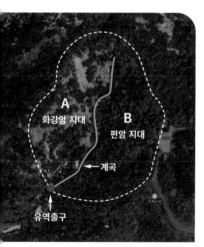

그림 3. 아차산 유역도

4. 아차산의 화강암 지대(A)와 편암 지대(B)

있습니다.

아차산 정상으로 향하는 화강암 돔에 올라서면 맞은편으로 우거진 숲이 보입니다. 편암 분포 지역이죠. 편암 풍화토는 화강암 풍화토보다 점토질 성분이 많아 두꺼운 토층을 만듭니다. 그래서 비가 오면 빗물이 침투해 토층에 많은 물이 담기게 되죠. 계곡물 생성에 암석이 관여하게 되는 이유입니다.

아차산에 비가 내리면 어떤 모습이 전개될까요? 화강암 암벽 위로 떨어진 빗물은 긴 물줄기를 이루며 급류하게 됩니다.[6] 암반 위에서 시냇물 소리를 내며 흐르는 빗물이 신기하게 느껴집니다. 반면 오른쪽의 숲속에서는 아무 일도 일어나지 않죠. 비가 올 때 아차산 계곡물의 대부분은 왼쪽의 화강암 암벽으로부터 흘러나간 빗물로 구성됩니다.

5. 아차산 화강암 지대에서 바라본 편암 지대의 숲 경관

| 하천 유량 | discharge

단위시간 당 하천을 흘러가는 물의 양. 하천 유량 값은 하천 단면적 곱하기 유속으로 계산된다.

한편, 비가 오지 않을 때의 계곡물은 어느 쪽으로부터 흘러나온 걸까요? 정답은 오른편 숲속입니다.[4] 날이 맑을 때의 아차산 계곡물은 비가 올 때와는 달리 오른편의 편암 지대로부터 서서히 흘러나오게 됩니다. 그러나 아차산공원 유역 자체가 좁고, 편암이 차지하는 면적도 작아 많은 양의 지하수를 계곡으로 흘려보내지 못해 실제 아차산의 계곡물은 거의 말라 있습니다.

여기서 체크 포인트 하나. 여러분은 산에서 계곡물을 보며 혹시 유량 측정을 생각해 본 적 있으신지요? 발원지처럼 흘러나오는 물량이 적다면 비닐봉지에 담아 측정하면 됩니다. 하지만 일반적으로 경사진 계곡을 흘러내리는 물의 정확한 측정은 불가능해 계곡이 끝나는 하부 평탄지에 유량 관측소를 설치해 유량을 관측하고 있습니다.

하천 유량 값은 '단면적 곱하기 유속'으로 계산됩니다.[그림 4] 예를 들

6. 강우시 아차산 화강암 지대에서의 빗물 유출 모습

어, 폭 30cm, 수심 10cm를 갖는 수로에 5cm/sec의 속도로 물이 흐를 때의 유량 값은 1500cm³/sec가 됩니다. 1000cm³가 1ℓ이니 1.5ℓ/sec라고 해도 정답이겠네요. 1.5 ℓ/sec란 1초당 큰 우유팩 한 개 반의 물이 흘러가고 있음을 뜻합니다.

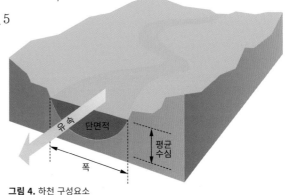

그림 4. 하천 구성요소

⭐ 지하수가 만든 폭포 – 일본 흰수염폭포

일본의 홋카이도의 유명 여행지인 비에이(美瑛)에서는 지하수가 만든 흰수염폭포(白ひげの滝)를 만나볼 수 있습니다. 비에이는 5월부터 보랏빛 라벤더평원을 보기 위해 연간 200만 명에 달하는 사람들이 몰려드는 곳입니다.

높이 30m인 이 흰수염폭포는 사력층에 들어있는 다량의 지하수가 흘러나와 만든 폭포입니다. 비에이 동쪽에 위치한 다이세쓰산 국립공원의 주봉인 도카치다케(十勝岳, 2077m) 연봉으로부터 분출된 화쇄류와 용암류가 호층을 이루며 만든 해발 600m의 대수층(帶水層, 지하수가 들어있는 지층)이 지하수를 쏟아내고 있는 것이죠.

여기서 궁금한 점이 있습니다. 1. 이 폭포는 혹시 마르지 않을까? 2. 왜 일정한 곳에서 폭포수가 흘러나오는 걸까? 3. 왜 한겨울에도 폭포수는 얼지 않을까? 이에 대한 답을 드리자면, 1. 마르지 않습니다. 흰수염폭포로 공급되는 상부의 유역면적이 대단히 넓기 때문입니다. 2. 일정한 곳에서 폭포수가 떨어지는 이유는 이곳 사력층으로부터 지하수가 집중 흘러나오고 있기 때문입니다. 주상절리가 보이는 상단의 용암층과 다르게 생긴 것을 알 수 있습니다. 3. 한겨울에도 얼지 않는 이유는 이 폭포수가 온천수이기 때문입니다. 한겨울 폭포수로부터 김이 피어오르는 모습을 볼 수 있죠. 도카치다케는 홋카이도 최대의 활화산입니다.

이처럼 지층 중간으로부터 흘러나오는 폭포를 보시거든 언제나 '지하수가 만든 폭포네' 라고 말씀해 보시기 바랍니다. 흰수염폭포는 지하수를 직접 눈으로 확인할 수 있는 아주 좋은 사례입니다. 함박눈 내리는 한밤중, 백열등 불빛 아래에서 청록색의 비에이천(川)으로 떨어지는 흰수염폭포의 신비를 맛보시기 바랍니다.

▲ 흰수염폭포

⓭ 지하수위를 찾아보자

| 지하수위 |

地下水位, water table
땅속의 지하수가 위치한 지점을 이은 선을 말한다. 땅속의 공극이 100% 물로 메꾸어졌을 경우 지하수위가 형성된다. 자하수위와 지하수면은 동의어이다.

| 천층지하수 |

淺層地下水, shallow groundwater
| 자유지하수 |

自由地下水, free groundwater
지층의 압력을 받지 않은 지하 얕은 곳에 위치한 지하수를 가리키는 말. 압력을 받지 않는다 하여 **자유지하수** 또는 **불압지하수(不壓地下水, unconfined groundwater)** 라고도 한다.

지하수(地下水, groundwater)란 글자 그대로 땅속에 있는 물을 말합니다. 그럼 땅속에 들어있는 물은 모두 지하수일까요? 아닙니다. 땅속에 있는 모든 물을 지하수라 칭함은 잘못된 표현입니다. 지하수란 땅속의 토양 입자와 입자 사이의 공극이 물로 100% 포화되어 있을 때 부르는 말이죠. 땅속의 물은 지중수로 불러야 합니다. 지중수는 **토양수(土壤水, soil water)**와 지하수로 구분됩니다. 지하수는 진흙층과 같은 불투수층(不透水層, impermeable layer) 위에 놓여 있습니다.

우리 발밑에는 지하수가 있습니다. 그래서 조금만 공부하면 누구나 지하수를 볼 수 있죠. 만약 여러분이 서 있는 평탄지 1m 아래에 지하수가 놓여 있다고 가정한다면 저쪽 얼마큼 떨어진 평탄지에서도 거의 같은 위치에 지하수가 존재하게 됩니다. 지하수를 연결한 선을 **지하수위(地下水位, groundwater table)**, 또는 **지하수면(地下水面)**이라고도 합니다. 경사지의 경우에는 지하수도 높은 곳에서 낮은 곳을 향해 흐르게 됩니다. 물은 지표수든 지하수든 높은 곳에서 낮은 곳으로 흐르기 때문이죠. 지표면의 경사 방향을 잘 살펴보면 지하수의 이동 방향을 짐작할 수 있습니다.

그럼 지하수는 위의 경우처럼 얕은 곳에만 존재하는 걸까요? 아닙니다. 지하수는 크게 천층지하수와 심층지하수로 구분됩니다.^{그림 5} 우리가 보는 시골집 우물물은 지표로부터 깊지 않은 곳에 위치한 **천층지하수(淺層地下水, shallow groundwater)**입니다. 보통 땅속 10m 깊이 전후에 있는 지하수죠. 천층지하수는 지층의 무게로부터 자유롭기 때문에 **자유지하수(自由地下水, free groundwater)**라고도 불립니다.

한편, **심층지하수**(深層地下水, deep groundwater)는 땅속 깊은 곳에 들어있는 지하수를 말합니다. 심층지하수는 보통 100m를 훨씬 넘는 땅속 깊은 곳에 위치해 있어 막대한 지층의 무게를 받고 있죠. 그래서 **피압지하수**(被壓地下水, confined groundwater)라고도 불립니다. 호주의 대찬정 분지에는 지층의 막대한 압력을 받아 솟구쳐 올라오는 우물이 2,000여 개나 있습니다. 이곳의 우물물은 전원을 켜지 않더라도 지층의 압력으로 인해 지하수가 자동 분출해 올라오죠. 그래서 이런 우물을 **자분정**(自噴井, artesian well)이라 부르고 있습니다.

일반적으로 자분정의 경우에는 지하수면이 땅위로 올라오게 됩니다. 자분하고 있는 지하수가 우물 위로 넘쳐흐른다고 가정해 봅시다. 자분수가 넘쳐나지 않기 위해 우물을 계속 위로 쌓아올려 볼까요? 그러다 보면 더 이상 물이 넘쳐나지 않는 지점이 생기게 될 겁니다. 바로 그 지점이 자분정의 지하수면이 됩니다. 이렇게 피압지하수의 지하수면은 땅위에 놓이게 됩니다.

사진 7은 일본 큐슈지방의 자분정 지하수 관측소를 찍은 것입니다. 땅위로 지하수면이 올라와 있어 사진과 같은 형태의 원통을 설치해 지하수위 변화를 관측하고 있죠. 참고로 생수병에 담겨 시판되고 있는 암반지하수도 심층지하수로 분류됩니다. 이렇게 심층지하수는 우리 생활과 밀접한 관계를 갖고 있습니다.

| 심층지하수 |
深層地下水, deep groundwater
| 피압지하수 |
被壓地下水, confined groundwater
지층의 압력을 받는 지하 깊은 곳에 위치한 지하수. 천층지하수의 반대말이다. 압력을 받는 지하수라고 하여 **피압지하수**(被壓地下水, confined groundwater) 라고도 부른다.

7. 심층지하수 관측정 모습(1985년, 일본 구마모토)

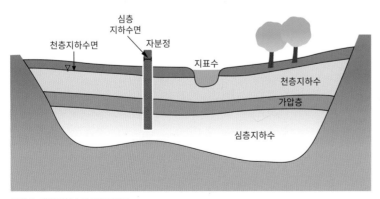

그림 5. 천층지하수와 심층지하수

| 심층지하수 |
深層地下水, deep groundwater
| 피압지하수 |
被壓地下水, confined groundwater
지층의 압력을 받는 지하 깊은 곳에 위치한 지하수. 천층지하수의 반대말이다. 압력을 받는 지하수라고 하여 **피압지하수(被壓地下水, confined groundwater)** 라고도 부른다.

8. 울릉도 나리분지의 추산용출소(경상북도 울릉군)

울릉군 북면에는 추산수력발전소가 있습니다. 1966년에 완공된 이 수력발전소에서는 울릉도 칼데라 내부를 이루는 나리분지로 침투해 들어간 강수가 해발 270m 지점에서 초당 220리터로 흘러나오는 지하수, 즉 용출수를 사용해 전기를 생산하고 있습니다.[8] 물론 지금도 여전히 수력발전소는 울릉도 전력 공급의 핵심을 이루고 있는 곳이죠. 현장에 가보니 저류지에 담긴 감록색의 용출수가 섬뜩하게 다가오더군요. 울릉도를 가시거든 이곳 추산용출소도 구경해 보시기 바랍니다.

⭐ 땅속의 물은 전부 지하수라고 부를까?

지하수(地下水, groundwater)란 글자 그대로 땅 아래에 있는 물을 말합니다. 그럼 땅속에 들어있는 물은 모두 지하수일까요? 그냥 지하수로 불러도 상관없을까요? 정답을 말씀드리자면 땅속에 있는 모든 물을 지하수라 칭함은 잘못된 표현입니다. 흔히들 땅속의 물을 지하수라고 말하고 있지만, 엄밀히 말해 지하수라 함은 땅속의 토양입자와 입자 사이의 공극이 물로 100% 포화되어 있을 때만을 말합니다. 땅속의 물은 지중수(地中水, subsurface water)로 불러야 합니다. 지중수는 토양수(土壤水, soil water)와 지하수로 구분됩니다. 지중수는 지표수와 반대되는 용어입니다.

흙탕물 구경법

중국 황허의 흙탕물▲

비가 오면 강물이 흙탕물로 변합니다. 이는 우리가 어렸을 때부터 봐왔던 당연한 자연 현상이죠. 그런데 말입니다. '흙탕물의 움직임에도 법칙이 있다'고 말씀드리면 어떤 느낌이 드실까요? 처음과는 좀 색다른 호기심이 생기실까요?

그렇습니다. 흙탕물 움직임에도 법칙이 있답니다. 이 분야는 사실 제 전문분야입니다. 제가 이 연구를 해서 박사학위를 받았거든요. 박사학위 논문 제목은 'Suspended sediment transportation in a

mountainous catchment'. 3년 동안 산에서 비와 함께 살았었습니다. 빗물과 유량을 재고 또 흙탕물을 채수하면서 말이죠.

우리말로는 '산지유역으로부터의 부유토사 이동'으로 변역됩니다. 부유토사(浮遊土砂 또는 浮流土砂, suspended sediment)란 강물에 떠있는 토사를 말하는데, 주로 흙탕물을 만드는 점토질 미세 토사로 구성됩니다. 모래를 물병에 담고 아무리 흔들어봐야 흙탕물은 생기기 않죠. 모래에는 점토 성분이 없기 때문입니다. 그럼 흙탕물 속에 들어 있는 점토, 즉 진흙 성분은 어디로부터 공급되는 걸까요?

점토의 공급원은 하천 외부와 하천 내부입니다. 비가 오면 산사면을 따라 흘러내린 빗물이 지표면을 깎으며 점토질을 운반하게 됩니다. 하천 수위가 올라가면 하천 내부에 가라앉았던 점토질이 재부유하죠. 점토의 지름은 1/256mm 이하로 매우 미세합니다. 공기 흐름이 없는 밀폐된 방에서 10cm 가라앉는 데 8시간이 걸릴 정도 가벼운 물질이죠.

여기서 궁금한 점이 몇 가지 생깁니다. 1. 그럼 몇 mm의 비가 내릴 때 하천이 흙탕물로 변하기 시작할까? 2. 비가 오면 흙탕물의 색깔이 한없이 진해질까? 3. 하천수위가 올라갈 때와 하천수위가 내려갈 때의 같은 하천유량 값에서는 흙탕물의 농도도 같아질까? 4. 하천유량과 흙탕물의 농도는 어떤 관계를 지니고 있을까?

순서대로 답을 드리자면, 1. 강우강도에 따라 흙탕물이 발생되는 시점이 달라져 몇 mm라고 단정 짓기 어렵습니다. 2. 흙탕물의 농도는 보통 비가 거세게 내리기 시작하는 강우 초기에 제일 진해지며, 비가 조금 그친 이후 다시 비가 세차게 내려도 흙탕물 색깔은 좀처럼 진해지지 않습니다. 강우 초기에 수위가 올라가면서 하도에 쌓여있던 점토가 쓸려나갔

기 때문이죠. 3. 이 같은 이유로 같은 하천유량 값이라도 하천수위가 올라갈 때가 내려갈 때보다는 높은 흙탕물 농도를 띠게 됩니다. 4. 하천유량과 흙탕물의 농도, 즉 부유토사농도는 상관성이 높은 비례 관계를 갖습니다. 우리가 흔히 보는 흙탕물의 움직임에도 여러 과학적인 법칙이 작용하고 있답니다.

이 흙탕물은 사실 환경문제를 유발시키는 요인으로 작용하고 있습니다. 토양자원의 유실은 물론, 상수원수를 오염시키고 있어 사회문제가 되고 있기도 하죠. 어쨌든 흙탕물의 움직임에도 여러 과학적인 법칙이 작용하고 있답니다. 흙탕물도 물 지리여행의 훌륭한 소재랍니다.

▲ 강우시 흙탕물 유출 모습(경기도 이천시)

[강원도 인제군 서화면 서흥리]

습지는 물탱크

- 용늪 -

6월의 용늪 ▲

산꼭대기 움푹 파인 평원에 넓게 펼쳐진 순초록의 삿갓사초 군락들. 이곳이 과연 해발 1,280m 산 정상부의 모습인지 의심케 하는 습원이 눈앞에 펼쳐집니다. 하늘로 올라가던 용이 쉬었다 가는 곳이라 하여 이름 붙여진 곳. 강원도 인제군과 양구군 경계에 놓인 대암산 용늪(천연기념물 246호)은 우리나라 최고(最古)의 고층습원으로 유명한 곳입니다.

전체 면적 1.06㎢. 4천 5백 년 동안 고층습원의 생태계를 간직해 온 곳. 5개월 이상의 엄동설한을 겪어야 아름다운 자태를 드러내는 곳. 연간 170일 이상을 안개 속에 숨겨두고 있는 곳. 이곳이 우리나라 람사르 제1호 습지(1997)인 대암산 용늪의 실체입니다.

큰용늪과 작은용늪 두 개로 이루어진 용늪은 진한 갈색을 띤 이탄층(泥炭層) 집합체로 구성되어 있습니다. 이탄층이란 썩지 않은 식물의 잔해가 미세점토와 함께 늪 속에 형성된 유기질 층을 말합니다. 이탄층 위에서 몸을 흔들면 꿀렁꿀렁 거리는 게 마치

226

스펀지 위에 올라선 듯한 느낌이 듭니다.

이탄층이 1mm 쌓이는 데는 약 1년의 시간이 필요합니다. 용늪에는 평균 1m, 아주 깊은 곳에는 1.8m의 깊이로 이탄층이 쌓여 있습니다. 이탄층은 낮은 기온 때문에 썩지 않은 식물의 잔해를 그대로 갖고 있어 고기후 및 식생 변화를 연구하는데 매우 중요한 자료로 사용되고 있습니다. 지구의 자연환경 역사가 이탄층 안에 들어가 있는 셈이죠.

용늪의 물수지를 조사한 결과, 용늪으로부터는 1년간 약 40만 톤의 물이 빠져나가고 있음이 확인되었습니다. 이는 용늪이 1년 동안 40만 톤의 물을 생산하고 있다는 뜻이기도 하죠. 10톤 트럭 4만대에 해당하는 엄청난 수량입니다. 대암산 정상부는 증발산량보다 강수량이 많은 지역입니다. 구름에 갇힌 안개비가 자주 내리는 지역이기도 하고요. 큰용늪 내부의 곳곳에서는 지하수위가 지표면 위로 올라오고 있기도 합니다. 그만큼 많은 물을 품고 있는 곳이 용늪이죠. 물 지리여행의 핵심 포인트이기도 합니다.

용늪 방문의 최적기는 5월 중순이나 9월 말경입니다. 용늪에 내린 눈이 녹으려면 5월까지 기다려야하죠. 또 10월 중순 이후에는 눈과 함께 추위가 몰아쳐 오니 그 이전에 방문하는 것이 좋습니다. 만약 그

렇지 않을 경우엔 민통선 인근의 1,300m 해발고도의 위엄을 체험하시게 될 겁니다.

반만 년 세월의 흐름을 간직하고 있는 대암산 용늪. 우리도 이렇게 멋진 고층습원을 갖고 있다는 사실에 큰 자부심을 느낍니다. 용늪은 우리 모두가 큰 관심을 갖고 보살펴야 할 우리의 소중한 자연유산입니다. 꼭 한번 방문하시어 용늪 지리여행을 만끽해 보시기 바랍니다.

▲ 용늪 출구에서 유량을 관측하는 모습(2010년)

⭐ 박종관 교수의 지리여행지 100선

아래의 표는 지오투어리즘을 즐길 수 있는 지리여행지 100선을 정리, 엄선해 놓은 것입니다.
가족, 친구들과 함께 즐거운 여행을 떠나보시길 바랍니다. 또한 추천한 곳 주변에 있는 여러
볼거리, 즐길거리도 함께 체험하면 좀 더 의미있는 시간이 될 것입니다.

서울

행정구역	지리여행지 볼거리	분류	주변 방문지	방문최적기
노원구	암산의 교과서 수락산과 불암산	⛰	남양주 국립수목원, 봉선사	🌸◎♦❄
송파구	한강지리여행 최적지 잠실	💧	삼전도비, 잠실수중보, 부리도비, 새내마을비	🌸◎♦❄
종로구	화강암 풍화의 극치 인왕산	⛰	북한산, 경복궁, 서대문형무소역사관	🌸◎♦❄

부산

행정구역	지리여행지 볼거리	분류	주변 방문지	방문최적기
중구	연락선이 돌아가는 오륙도	🌊	해운대, 광안리해수욕장	🌸◎♦
중구	퇴적층이 뚜렷한 태종대	🌊	아미산 전망대, 영도다리, 동래온천, 용두산 공원	🌸◎♦

인천

행정구역	지리여행지 볼거리	분류	주변 방문지	방문최적기
강화군	석모도 보문사 눈썹바위	⛰	참성단, 초지진, 광성보, 손돌목, 황산갯벌	🌸◎♦
옹진군	천연의 굴업도 해식와	🌊	덕적도, 백령도	🌸◎♦

🌀 강　🌊 바다　⛰ 산　💧 물　🏛 문화　🌸 봄　◎ 여름　♦ 가을　❄ 겨울

경기도

행정구역	지리여행지 볼거리	분류	주변 방문지	방문최적기
가평군	항아리바위 돌개구멍		명지산, 남이섬, 구곡폭포, 등선폭포	
고양시	한강하류 대표습지인 장항습지		파주 시암리습지, 성동습지, 통일전망대	
김포시	한강하구 최적조망지 애기봉		경인운하, 문수산성, 강화 연미정	
수원시	정조대왕의 화성		용인 민속촌, 의왕 철도박물관	
양평군	두 개 물이 만난 양수리 두물머리		팔당호, 수종사, 다산정약용묘	
안산시	시화호갈대습지공원		시화방조제, 오이도, 대부도	
연천군	한탄강 용암대지		재인폭포, 소요산, 직탕폭포, 신탄리역	
포천시	산정호수		명성산, 일동·이동온천, 철원 노동당사	
화성시	바다가 갈라지는 제부도		궁평리, 남양성지	

강원도

행정구역	지리여행지 볼거리	분류	주변 방문지	방문최적기
강릉시	정동진 해안단구		경포대, 오죽헌, 안인해수욕장	
고성군	거대 석호 화진포		통일전망대, 청간정, 송지호	
삼척시	남양동 카르스트지형		죽서루, 초당굴, 맹방해수욕장	
삼척시	석회동굴 환선굴		오십천	
삼척시	퇴적암층과 미인폭포의 장관		신리 너와집, 도계스위치백식 철길	
동해시	촛대바위 추암		천곡동굴, 망상해수욕장	
속초시	설악산 울산바위와 권금성		흔들바위, 비선대, 신흥사	
양구군	침식분지의 대명사 해안분지		을지전망대, 제4땅굴, 두타연, 인제 용늪	
양양군	주전골과 오색약수		한계령, 오색온천	
양양군	남대천 연어잡이		낙산사, 의상대	
양양군	깊디깊은 미천골계곡		하조대, 38선	
영월군	방절리 구하도와 청령포		선돌, 장릉, 김삿갓계곡	
영월군	원시계곡인 동강 어라연계곡		백룡동굴, 고씨굴	
인제군	고산습지의 대명사 대암산 용늪		내설악, 양구 해안분지	
정선군	걷기좋은 골지천 탐방로		아우라지, 오대천, 백봉령	
정선군	천혜의 곡류하천인 동강		병방치 전망대, 고마루 돌리네	
철원군	임꺽정과 고석정		순담계곡, 삼부연폭포, 도피안사, 철새탐지	
태백시	낙동강 발원지 황지		태백산, 추전역, 석탄박물관, 검룡소	
태백시	동점동 구하도		구문소, 장성탄광	
태백시	한강발원지 검룡소		삼수령, 고랭지밭, 폐광촌, 황지	
평창군	고요한 상원사 계곡길		월정사, 방아다리약수	
홍천군	아이들이 놀기 좋은 수타사 계곡		홍천강	

충청북도

행정구역	지리여행지 볼거리	분류	주변 방문지	방문최적기
단양군	남한강 도담삼봉과 석문	산	여천리 돌리네군, 고수동굴	봄 여름 가을
보은군	점판암 폐광산지 이원리 돌깡	산	속리산, 옥화9경	봄 가을
제천시	신라저수지 의림지	물	충주호반, 장회나루, 금월봉	봄 여름 가을
진천군	국내 최대의 돌다리 농다리	문화	천안 독립기념관, 유관순사당	봄 가을
청원군	톡 쏘는 초정약수	물	청주 고인쇄박물관	봄 여름 가을 겨울
충주시	온천의 고향, 수안보	물	월악산, 충주댐, 탄금대	봄 여름 가을 겨울

충청남도

행정구역	지리여행지 볼거리	분류	주변 방문지	방문최적기
공주시	계룡산 동학사길	산	갑사, 논산 강경젓갈, 부여 낙화암	봄 여름 가을
아산시	외암민속마을	문화	삽교호, 온양온천, 현충사	봄 여름 가을 겨울
태안군	국내 최대사구 신두리 해안사구	바다	만리포, 천리포, 연포, 몽산포	봄 여름 가을
태안군	안면도	바다	삼봉·방포·꽃지해수욕장, 황도, 천수만	봄 여름 가을

전라북도

행정구역	지리여행지 볼거리	분류	주변 방문지	방문최적기
고창군	고창읍성	문화	선운산, 고창고인돌	봄 여름 가을 겨울
군산시	고군산도 연결로 탐방	바다	선유도, 장도, 무녀도, 내포철새도래지	봄 가을
김제시	벽골제	물	만경강, 동진강 하구습지	봄 여름 가을 겨울
무주군	신라와 백제의 국경 나제통문	문화	무주구천동, 덕유산 반딧불서식지	봄 여름 가을 겨울
부안군	채석강과 적벽강 절벽	바다	부안호, 새만금방조제	봄 여름 가을
부안군	천일제염의 곰소염전	바다	내소사, 계화도간척지, 바지락죽	봄 여름 가을
순창군	섬진강 요강바위	강	용골산 정상의 수려한 조망, 고추장단지	봄 여름 가을
완주군	대둔산	산	익산향교	봄 여름 가을
장수군	금강 발원지, 뜬봉샘	강	수분재, 장안산군립공원	봄 여름 가을
진안군	섬진강 발원지, 데미샘	강	옥정호, 섬진강댐	봄 여름 가을 겨울
진안군	돌들이 쏟아지는 마이산	산	용담호, 전주 한옥마을	봄 여름 가을 겨울

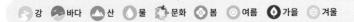

🌊 강　🐚 바다　⛰ 산　💧 물　🌸 문화　◉ 봄　◎ 여름　◈ 가을　❄ 겨울

전라남도

행정구역	지리여행지 볼거리	분류	주변 방문지	방문최적기
강진군	다산초당		청자도요지, 보성 차밭	
구례군	하천여행의 백미 섬진강		지리산, 화엄사, 광양 매화마을과 백합죽	
나주시	영산강 하안등대		영산강 구하도, 영산포 홍어	
담양군	영산강 발원지 용소		창평슬로시티, 소쇄원	
목포시	유달산과 신안군 낙조		갓바위, 영산강하구언	
순천시	순천만 갈대습지		낙안읍성, 주암호	
완도군	몽돌해안의 극치 구계등		청해진지, 명사십리해수욕장, 보길도	
영광군	굴비명산지 법성포		백수해안도로	
영암군	전남의 금강산 월출산		도갑사, 왕인박사유적지	
진도군	모세의 신비 간조육계도		모도, 운림산방	
진도군	명량대첩지 울돌목		조류발전소, 해남 우수영	
해남군	쿵쿵쿵 우항리 공룡발자국		두륜산, 땅끝마을, 도솔봉	
화순군	무등산 입석대의 주상절리		광주 서석대, 담양 소쇄원	

경상북도

행정구역	지리여행지 볼거리	분류	주변 방문지	방문최적기
고령군	대가야국 지리여행		대가야박물관, 고분군, 대가야체험축제	
봉화군	청량산도립공원		오전약수, 안동 도산서원	
상주시	낙동강이 아름다운 경천대		쌍룡계곡, 용유동계곡, 장각폭포, 동천암	
안동시	한국 최고의 역사지리여행지		도산서원, 광산김씨종택, 하회마을, 병산서원, 부용대, 의성 금성산칼데라와 공룡발자국	
영주시	소백산 탐방로 죽령길		부석사, 희방사, 소수서원, 선비촌, 풍기인삼	
예천군	회룡포		내성천, 안동 하회마을	
울릉군	독도		울릉도	
울릉군	성인봉과 나리분지		알봉분지, 송곳바위, 향목	
울진군	성류굴과 불영계곡		백암온천, 월송정, 덕구온천, 금강송 군락지	
청송군	신비의 호소 주산지		주왕산, 신성계곡 백석탄, 달기약수	
포항시	한반도 호랑이꼬리 호미곶		달전주상절리, 구룡포해안단구, 보경사계곡, 경주 양동민속마을	

경상남도

행정구역	지리여행지 볼거리	분류	주변 방문지	방문최적기
거제시	학동 몽돌해수욕장	바다	거제조선소, 거제해금강	여름 여름 가을
고성군	상족암 공룡발자국	바다	사천선상지	여름 여름 가을
김해시	거대한 김해삼각주	강	김수로왕릉, 김해패총	여름 여름 가을 겨울
남해군	지족해협의 죽방렴 멸치잡이	바다	상주해수욕장, 다랭이논, 방조어부림	여름 여름 가을
밀양시	만어사 너덜겅	산	영남루, 호박소, 얼음골, 표충사	여름 가을
창녕군	바다같이 넓은 우포늪	물	부곡온천, 창원 주남저수지	여름 가을
통영시	남해의 절경 소매물도 등대섬	바다	충렬사, 해저터널, 비진도	여름 여름 가을
하동군	섬진강 모래벌판 평사리공원	강	쌍계사, 화개장터	여름 여름 가을 겨울

제주도

행정구역	지리여행지 볼거리	분류	주변 방문지	방문최적기
서귀포시	우라나라 최남단 마라도	바다	산방굴사, 용머리해안, 송악산, 가파도	여름 여름 가을
제주시	거대한 분화구 성산 일출봉	산	성산육계사주, 우도, 섭지코지	여름 여름 가을 겨울
제주시	비양도와 수월봉	산	협재해수욕장, 협재굴, 차귀도	여름 여름 가을 겨울
제주시	물영아리오름습지	물	물장오리오름습지, 남원큰엉	여름 여름 가을 겨울
제주시	곽지해수욕장 용천수	물	애월용천수, 빌레못동굴	여름 여름 가을 겨울
서귀포시	주상절리의 백미 갯깍해안	산	지삿개, 천제연폭포	여름 여름 가을 겨울
서귀포시	바다로 떨어지는 정방폭포	산	천지연폭포, 외돌괴, 하논분화구	여름 여름 가을 겨울
제주시	만장굴과 김녕사굴	산	산굼부리, 비자림, 함덕해수욕장	여름 여름 가을 겨울
제주도	한라산 백록담	산	1100고지습지, 관음사, 어승생악, 영실기암	여름 여름 가을 겨울

강 바다 산 물 문화 봄 여름 가을 겨울

⭐ 찾아보기

박종관 교수의 Let's go~
지리 여행
Third Edition

제1판 1쇄 발행 2005년 9월 25일
제1판 7쇄 발행 2009년 1월 25일
제2판 1쇄 발행 2009년 10월 30일
제2판 3쇄 발행 2015년 2월 10일
제3판 1쇄 발행 2020년 10월 15일

지은이 박종관

펴낸곳 지오북(GEOBOOK)
펴낸이 황영심
편집 전슬기
디자인 권지혜

주소 서울특별시 종로구 새문안로5가길 28, 1015호
(적선동 광화문플래티넘)
Tel_02-732-0337 Fax_02-732-9337
eMail_book@geobook.co.kr
www.geobook.co.kr
cafe.naver.com/geobookpub

출판등록번호 제300-2003-211
출판등록일 2003년 11월 27일

사진 도움 주신분들 강정효, 김경희, 우종영, 이정수, 홍찬표

ISBN 978-89-94242-75-0 03980

이 도서의 국립중앙도서관 출판예정도서목록(CIP)은 서지정보유통지원시스템 홈페이지
(http://seoji.nl.go.kr)와 국가자료종합목록시스템(http://www.nl.go.kr/kolisnet)에서 이용하
실 수 있습니다.(CIP제어번호: CIP2020039073)